国家中职示范校数控专业课程系列教材

配合件的数控车床加工

PEIHEJIAN DE SHUKONG CHECHUANG JIAGONG

王钧 主编

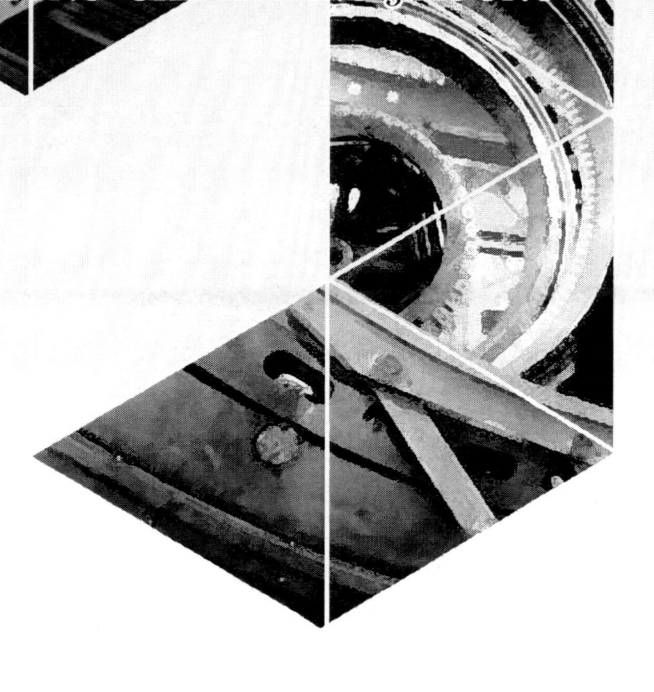

知识产权出版社
全国百佳图书出版单位

图书在版编目（CIP）数据

配合件的数控车床加工/王钧主编. —北京：知识产权出版社，2015.11
国家中职示范校数控专业课程系列教材/杨常红主编
ISBN 978-7-5130-3779-2

Ⅰ. ①配… Ⅱ. ①王… Ⅲ. ①数控机床—车床—零部件—加工—中等专业学校—教材
Ⅳ. ①TG519.1

中国版本图书馆 CIP 数据核字(2015)第 219099 号

内容提要

本书通过八个典型加工任务，帮助读者学习、掌握图纸分析、程序编制、对刀操作、数控加工等知识点、技能。本书配有大量的走刀路线图和详细的工艺分析，结构合理、针对性强、注重实际应用。

责任编辑：安耀东

国家中职示范校数控专业课程系列教材

配合件的数控车床加工

王钧 主编

出版发行：知识产权出版社有限责任公司	**网　址**：http://www.ipph.cn
电　话：010-82004826	http://www.laichushu.com
社　址：北京市海淀区西外太平庄 55 号	**邮　编**：100081
责编电话：010-82000860 转 8534	**责编邮箱**：an569@qq.com
发行电话：010-82000860 转 8101/8029	**发行传真**：010-82000893/82003279
印　刷：北京中献拓方科技发展有限公司	**经　销**：各大网上书店、新华书店及相关专业书店
开　本：787mm×1092mm　1/16	**印　张**：12.5
版　次：2015 年 11 月第 1 版	**印　次**：2015 年 11 月第 1 次印刷
字　数：292 千字	**定　价**：35.00 元

ISBN 978-7-5130-3779-2

本书编委会

主　　编　王　钧

副 主 编　关向东　戴淑清　孙　勇

编　　者

学校人员　关向东　姚作林　王　钧
姚光伟　孙　勇　陈　鸣
王　敏　戴淑清　颜红霞

企业人员　王殿民　王昌智　潘振东

前　言

2013年4月，牡丹江市高级技工学校被三部委确定为“国家中等职业教育改革发展示范校”创建单位。为扎实推进示范校项目建设，切实深化教学模式改革，实现教学内容的创新，使学校的职业教育更好地适应本地经济特色，学校广泛开展行业、企业调研，反复论证本地相关企业的技能岗位的典型任务与技能需求，在专业建设指导委员会的指导与配合下，科学设置课程体系，积极组织广大专业教师与合作企业的技术骨干，研发和编写具有我市特色的校本教材。

示范校项目建设期间，我校的校本教材研发工作取得了丰硕成果。2014年8月，《汽车营销》教材在中国劳动社会保障出版社出版发行。2014年12月，学校对校本教材严格审核，评选出《零件数控车床加工》《模拟电子技术》《中式烹调工艺》等20册能体现本校特色的校本教材。这套系列教材以学校和区域经济作为本位和阵地，在学生学习需求和区域经济发展分析的基础上，由学校与合作企业联合开发和编制。教材本着“行动导向、任务引领、学做结合、理实一体”的原则编写，以职业能力为核心，有针对性地传授专业知识和训练操作技能，符合新课程理念，对学生全面成长和区域经济发展也会产生积极的作用。

各册教材的学习内容分别划分为若干个单元项目，每个单元项目分为若干个学习任务，每个学习任务包括任务描述及相关知识、操作步骤和方法、思考与训练等。这种编写方式突出学用结合、学以致用的学习模式和特点，适合各类中职学校使用。

《配合件的数控车床加工》分为8个典型学习任务。本书在北京数码大方科技有限公司王昌智、北方双佳石油钻采器具有限公司王顺胜等策划指导下，由本校机械工程系骨干教师与北方工具厂研发中心王殿民、富通空调机设备公司潘振东等企业技术人员合作完成。限于时间与水平，书中不足之处在所难免，恳请广大教师和学生批评指正，希望读者和专家给予帮助指导！

牡丹江市高级技工学校校本教材编委会

2015年3月

目 录

学习任务一　螺纹轴套配合件的数控车加工

学习目标

1. 能阅读生产任务单，明确工作任务，制订出合理的工作进度计划。
2. 能够根据螺纹轴套配合件实物，绘制出螺纹轴套配合件的零件图。
3. 螺纹轴套配合件基准（装配基准、设计基准等）的确定方法。
4. 螺纹轴套配合件工艺尺寸链的确定方法。
5. 能根据螺纹轴套配合件零件图样，制订数控车削加工工艺。
6. 能合理制订螺纹轴套配合件加工工时的预估方法。
7. 螺纹轴套配合件数控车削加工及质量保证方法。
8. 能较好地掌握螺纹轴套配合件相关量具、量仪的使用及保养方法。
9. 能较好地分析螺纹轴套配合件加工误差产生的原因。

建议学时

50 学时

学习过程

学习活动 1　螺纹轴套配合件的加工工艺分析与编程

一、阅读生产任务单

表 1-1　螺纹轴套配合件生产任务单

<table>
<tr><td colspan="2">单位名称</td><td colspan="2"></td><td>完成时间</td><td>年　月　日</td></tr>
<tr><td>序号</td><td>产品名称</td><td>材料</td><td>生产数量</td><td colspan="2">技术标准、质量要求</td></tr>
<tr><td>1</td><td>螺纹轴套配合件</td><td>45 钢</td><td>30 件</td><td colspan="2">按图样要求</td></tr>
<tr><td>2</td><td></td><td></td><td></td><td colspan="2"></td></tr>
</table>

续表

<table>
<tr><td colspan="2">单位名称</td><td colspan="2"></td><td colspan="2">完成时间</td><td>年　月　日</td></tr>
<tr><td>序号</td><td>产品名称</td><td>材料</td><td>生产数量</td><td colspan="3">技术标准、质量要求</td></tr>
<tr><td>3</td><td></td><td></td><td></td><td colspan="3"></td></tr>
<tr><td colspan="2">生产批准时间</td><td>年　月　日</td><td>批准人</td><td colspan="3"></td></tr>
<tr><td colspan="2">通知任务时间</td><td>年　月　日</td><td>发单人</td><td colspan="3"></td></tr>
<tr><td colspan="2">接单时间</td><td>年月日</td><td>接单人</td><td></td><td>生产班组</td><td>数控车工组</td></tr>
</table>

1）查阅资料，从工艺特性考虑，说明实际生活中螺纹轴套配合件的用途（见表1-1）。

2）本生产任务工期为20天，试依据任务要求，制订合理的工作计划，并根据小组成员的特点进行分工（见表1-2）。

表1-2　工作计划表

序号	工作内容	时间	成员	责任人
1	零件图绘制			
2	基准的确定			
3	工艺分析			
4	工艺尺寸链的确定			
5	数控车削加工			
6	加工工时的预估方法			
7	质量保证方法			
8	量具、量仪的使用及保养方法			
9	加工误差产生的原因			

二、根据螺纹轴套配合件实物（见图1-1），绘制零件图

图1-1　螺纹轴套配合件实物

1. 零件测绘

（1）什么是零件测绘。

零件测绘就是根据实物，通过测量，绘制出实物图样的过程。

测绘与设计不同，测绘是先有实物，再画出图样；而设计一般是先有图样后有样机。如果把设计工作看成是构思实物的过程，则测绘工作可以说是一个认识实物和再现实物的过程。

测绘往往对某些零件的材料、特性要进行多方面的科学分析鉴定，甚至研制。因此，多数测绘工作带有研究的性质，基本属于产品研制范畴。

（2）零件测绘的种类。

设计测绘——测绘为了设计。根据需要对原有设备的零件进行更新改造，这些测绘多是从设计新产品或更新原有产品的角度进行的。

机修测绘——测绘为了修配。零件损坏，又无图样和资料可查，需要对坏零件进行测绘。

仿制测绘——测绘为了仿制。为了学习先进，取长补短，常需要对先进的产品进行测绘，以制造出更好的产品。

2. 画零件草图的方法和步骤

零件测绘工作常在机器设备的现场进行，受条件限制，一般先绘制出零件草图，然后根据零件草图整理出零件工作图。因此，零件草图绝不是“潦草图”。

徒手绘制的图样称为草图，它是不借助绘图工具，通过目测来估计物体的形状和大小，徒手绘制的图样。在讨论设计方案、技术交流及现场测绘中，经常需要快速地绘制出草图，徒手绘制草图是机械技术人员必须具备的基本技能。

零件草图的内容与零件工作图相同，只是线条、字体等为徒手绘制。

徒手图应做到线型分明、比例均匀、字体端正、图面整洁。

（1）握笔的方法。

手握笔的位置要比用绘图仪绘图时较高些，以利于运笔和观察目标。笔杆与纸面成45°～60°，持笔稳而有力。一般选用 HB 或 B 的铅笔，用印有方格的图纸绘图。

（2）直线的画法。

画直线时，握笔的手要放松，手腕靠着纸面，沿着画线的方向移动，眼睛注意线的终点方向，便于控制图线。

画水平线时，图纸可放斜一点，将图纸转动到画线最为顺手的位置。画垂直线时，自上而下运笔。画斜线时可以转动图纸到便于画线的位置。画短线，常用手腕运笔，画长线则用手臂动作。

（3）圆和曲线的画法。

画圆时，先定出圆心的位置，过圆心画出互相垂直的两条中心线，再在对称中心线上距圆心等于半径处目测截取四点，过四点分段画成。画稍大的圆时，可加画一对十字线，并同时截取四点，过八点画圆。

对椭圆及圆弧的画法，也是尽量利用与正方形、长方形、菱形相切的特点。

（4）角度的画法。

画 30°、45°、60°等特殊角度的斜线时，可利用两直角边比例关系近似地画出。

（5）复杂图形画法。

当遇到较复杂形状时，采用勾描轮廓和拓印的方法。如果平面能接触纸面时，用色描法，直接用铅笔沿轮廓画出线来。

3. 测绘中零件技术要求的确定

（1）确定形位公差。

在测绘时，如果有原始资料，则可照搬。在没有原始资料时，由于有实物，可以通过精确测量来确定形位公差。但要注意两点，其一，选取形位公差应根据零件功用而定，不可采取只要能通过测量获得实测值的项目，都注在图样上；其二，随着国外科技水平尤其是工艺水平的提高，不少零件从功能上讲，对形位公差并无过高要求，但由于工艺方法的改进，大大提高了产品加工的精确性，使要求不太高的形位公差提高到很高的精度。因此，测绘中，不要盲目追随实测值，应根据零件要求，结合我国国标所规定的数值，合理确定。

（2）表面粗糙度的确定。

①根据实测值来确定测绘中可用相关仪器测量出的有关数值，再参照我国国标中的数值加以圆整、确定。

②根据类比法，参照相关原则进行确定。

③参照零件表面的尺寸精度及表面形位公差值来确定。

（3）热处理及表面处理等技术要求的确定。

测绘中确定热处理等技术要求的前提是先鉴定材料，然后确定所测零件所用材料。注意，选材恰当与否，并不是完全取决于材料的机械性能和金相组织，还要充分考虑工作条件。

一般地说，零件大多要经过热处理，但并不是在测绘的图样上，都需要注明热处理要求，要依零件的作用来决定。

三、根据螺纹轴套配合件图样，明确基准定位方法

零件图样如图 1-2 所示。

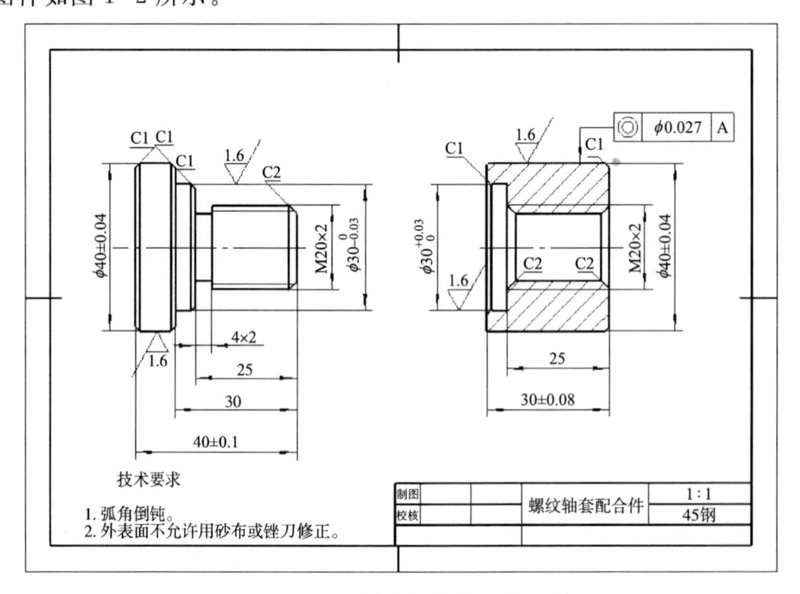

图 1-2 螺纹轴套配合件零件图样

1. 基准的概念及分类

1）基准的定义。在零件图上或实际的零件（见图1-3）上，用来确定其他点、线、面位置时所依据的那些点、线、面，称为基准。

图 1-3　轴套合件实物

2）基准的分类。

按其功用可分为：

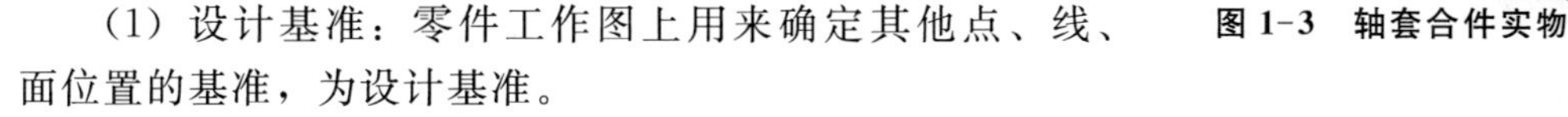

（1）设计基准：零件工作图上用来确定其他点、线、面位置的基准，为设计基准。

（2）工艺基准：是加工、丈量和装配过程中使用的基准，又称制造基准。

（3）工序基准：是指在工序图上，用来确定加工表面位置的基准。它与加工表面有尺寸、位置要求。

（4）定位基准：是加工过程中，使工件相对机床或刀具占据正确位置所使用的基准。

（5）测量基准（丈量基准）：是用来丈量加工表面位置和尺寸而使用的基准。

（6）装配基准：是装配过程中用以确定零部件在产品中位置的基准。举例见图 1-4。

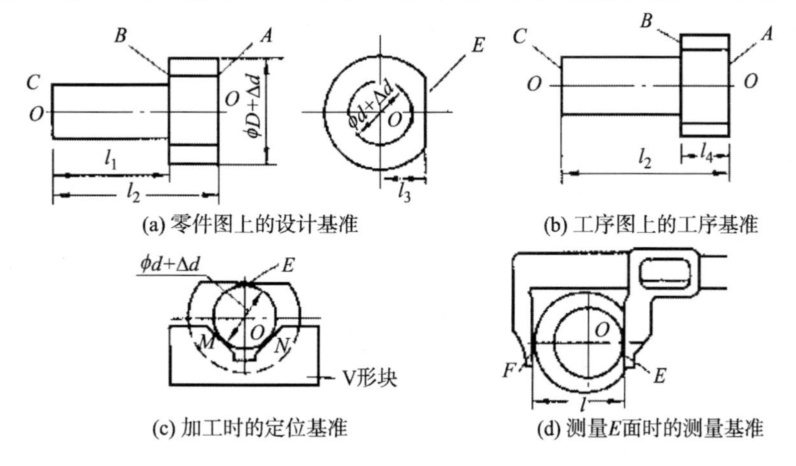

图 1-4　各种基准示例

2. 定位基准的选择

定位基准包括粗基准和精基准。

粗基准：用未加工过的毛坯表面做基准。

精基准：用已加工过的表面做基准。

1）粗基准的选择原则。

粗基准影响：位置精度、各加工表面的余量大小（是否均匀？是否足够?）。

重点考虑：如何保证各加工表面有足够余量，使不加工表面和加工表面间的尺寸、位置符合零件图要求。

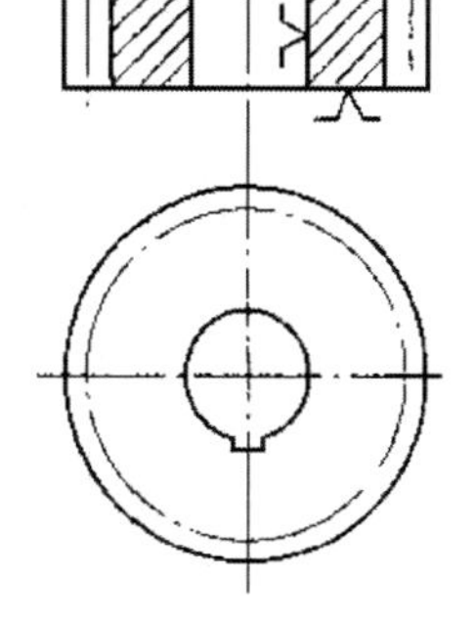

图 1-5　定位基准表示法

（1）公道分配加工余量的原则。

①应保证各加工表面都有足够的加工余量，如外圆加工以轴线为基准；

②以加工余量小而均匀的重要表面为粗基准，以保证该表面加工余量分布均匀、表面质量高，如床身加工，先加工床腿再加工导轨面。

(2) 保证零件加工表面相对于不加工表面具有一定位置精度的原则。一般应以非加工面作为粗基准，这样可以保证不加工表面相对于加工表面具有较为精确的相对位置。当零件上有几个不加工表面时，应选择与加工面相对位置精度要求较高的不加工表面作粗基准。

(3) 便于装夹的原则。选表面光洁的平面做粗基准，以保证定位正确、夹紧可靠。

(4) 粗基准一般不得重复使用的原则。在同一尺寸方向上粗基准通常只使用一次，这是由于粗基准一般都很粗糙，重复使用同一粗基准所加工的两组表面之间位置误差会相当大，因此，粗基准一般不得重复使用。

2) 精基准的选择原则。

重点考虑如何较少误差，定位精度。

(1) 基准重合原则，即利用设计基准作为定位基准。

(2) 基准统一原则。在大多数工序中，都使用统一基准的原则。这样可以保证各加工表面的相互位置精度，避免基准变换所产生的误差。例如，加工轴类零件时，一般都采用两个顶尖孔作为同一精基准来加工轴类零件上的所有外圆表面和端面，这样可以保证各外圆表面间的同轴度和端面对轴心线的垂直度。

(3) 互为基准原则，即加工表面和定位表面互相转换的原则。一般适用于精加工和光磨加工。例如，车床主轴前后支承轴颈与主轴锥孔间有严格的同轴度要求，常先以主轴锥孔为基准磨主轴前、后支承轴颈表面，然后再以前、后支承轴颈表面为基准磨主轴锥孔，最后达到图纸上规定的同轴度要求。

(4) 自为基准原则，即以加工表面自身作为定位基准的原则，如浮动镗孔、拉孔。这只能保证加工表面的尺寸精度，不能保证加工表面间的位置精度。还有一些表面的精加工工序，要求加工余量小而均匀，常以加工表面自身为基准。

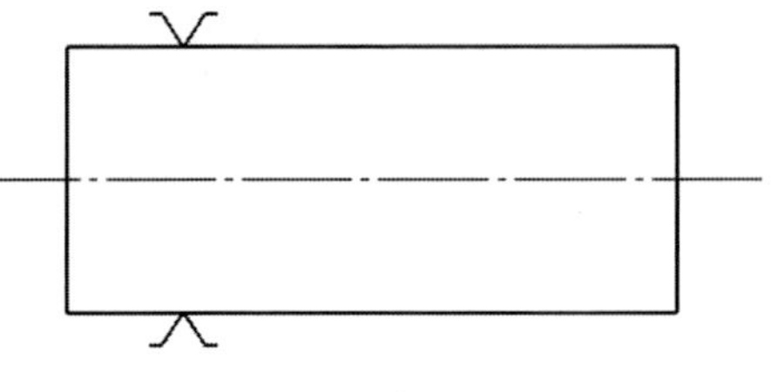

图 1-6　定位图

根据定位基准选择原则，避免不重合误差，便于编程，以工序的设计基准作为定位基准。分析零件图纸结合相关数控加工方面的知识，该零件可以通过一次装夹多次走刀能够达到加工要求。零件加工时，先以直径为 50mm 的外圆的轴线作为轴向定位基准，加工零件；然后以零件轴线作为轴向定位基准，以轴台的端面的中心作为该轴剩余工序的轴向定位基准，并且把编程原点选在设计基准上（见图 1-6）。

四、根据螺纹轴套配合件图样，确定该图样的工艺尺寸链

1. 工艺尺寸链的概念

在机器装配或零件加工过程中，互相联系且按一定顺序排列的封闭尺寸组合，称为尺寸链。其中，由单个零件在加工过程中的各有关工艺尺寸组成的尺寸链，称为工艺尺寸链，如图 1-7 所示。

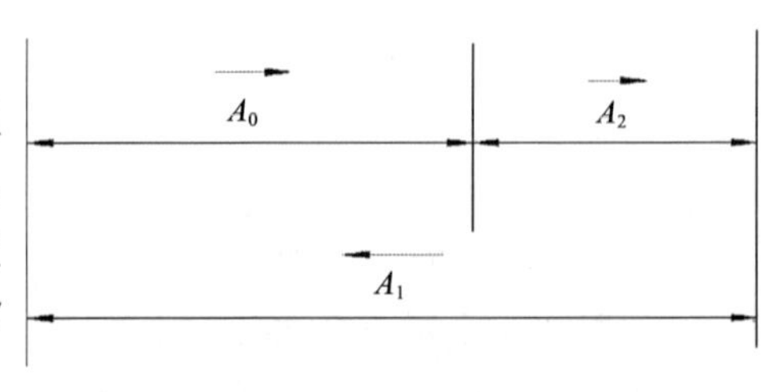

图 1-7　工艺尺寸链

如图1-8所示，以表面3定位加工表面1而获得尺寸A_1，然后以表面1为测量基准加工表面2而直接获得尺寸A_2，于是，该零件在加工时并未直接保证的自然形成的尺寸A_0就随之确定。这样，相互联系的尺寸A_1—A_2—A_0就构成一个封闭尺寸组合，即工艺尺寸链。

2. 工艺尺寸链的特征

(1) 关联性。任何一个直接保证的尺寸及其精度的变化，必将影响间接保证的尺寸及其精度。如图1-8中尺寸A_1和A_2的变化都将引起尺寸A_0的变化。

(2) 封闭性。尺寸链中各个尺寸首尾相接组成一个封闭的尺寸组合，如图1-8中尺寸A_1、A_2和A_0的排列呈封闭性。

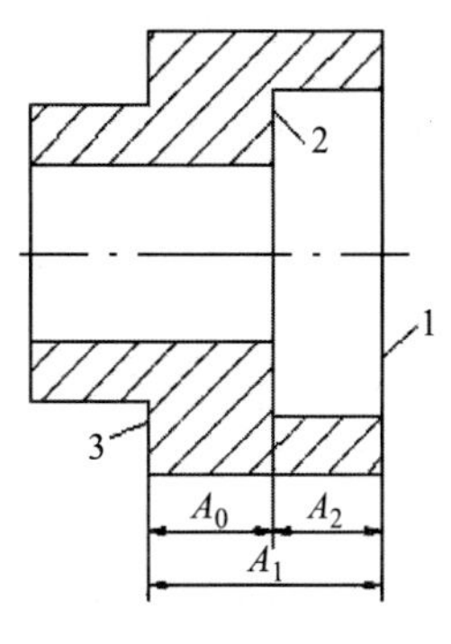

图1-8

3. 工艺尺寸链的组成

我们把列入尺寸链中的每一个尺寸都称为尺寸链中的环。如图1-8中尺寸A_1、A_2和A_0都是工艺尺寸链的环。它们可以分为以下两种：

(1) 封闭环。在零件加工或机器装配过程中，最后自然形成的环，也就是工艺尺寸链中间接得到的尺寸，称为封闭环。一个尺寸链中只能有一个封闭环。如图1-8中尺寸A_0。

(2) 组成环。尺寸链中除封闭环以外的其余各环均称为组成环。根据其对封闭环的影响不同，组成环又可分为增环和减环。

增环：在其他组成环不变的条件下，当某个组成环增大时，封闭环亦随之增大，则该组成环称为增环。用字母上加"→"表示。如图1-8中尺寸A_1。

减环：在其他组成环不变的条件下，当某个组成环增大时，封闭环却随之减小，则该组成环称为减环。用字母上加"←"表示。如图1-8中尺寸A_2。

(3) 增环和减环的简易判断。从尺寸链中任何一环出发，绕该链轮廓转一周，按该旋转方向给每个环标出箭头，凡是其箭头方向与封闭环相反的为增环，箭头方向与封闭环相同的则为减环。如图1-7中的A_2与封闭环A_0的箭头方向相同，为减环。A_1的箭头方向与A_0相反，为增环。

4. 工艺尺寸链的计算

工艺尺寸链的计算方法有两种：极值法和概率法。目前生产中多采用极值法（极值法：按误差综合的两个最不利情况计算）计算，下面仅介绍极值法计算的基本公式。

(1) 封闭环的基本尺寸等于所有增环的基本尺寸之和减去所有减环的基本尺寸之和。

(2) 封闭环的上偏差等于所有增环的上偏差之和减去所有减环的下偏差之和。

(3) 封闭环的下偏差等于所有增环的下偏差之和减去所有减环的上偏差之和。

A表示基本尺寸，A_0表示封闭环基本尺寸，A_i表示组成环基本尺寸，则$A_0=\sum\overrightarrow{A}_i-\sum\overleftarrow{A}_i$。

ES 表示上偏差，ESA_0 表示封闭环上偏差，ESA_i 表示组成环上偏差，则 $ESA_0=\sum ES\overrightarrow{A_i}-\sum ES\overleftarrow{A_i}$。

EI 表示下偏差，EIA_0 表示封闭环下偏差，EIA_i 表示组成环下偏差，则 $EIA_0=\sum EI\overrightarrow{A_i}-\sum ES\overleftarrow{A_i}$。

（4）封闭环极限尺寸。

最大极限尺寸 $A_0\max=A_0+ESA_0$，最小极限尺寸 $A_0\min=A_0+EIA_0$。

（5）组成环极限尺寸。

最大极限尺寸 $A_i\max=A_i+ESA_i$，最小极限尺寸 $A_i\min=A_i+EIA_i$。

五、数控车削加工工艺分析

一名合格的数控车床操作工首先必须是一名合格的工序员，全面了解数控车削加工的工艺理论对数控编程和操作技能有极大的帮助，所以掌握数控车削加工工艺的主要内容、加工工艺规程的制订过程、对刀操作及刀具和夹具选择等是数控车削加工的前提条件。

1. 数控加工工艺的特点与内容

1）数控加工工艺的特点。

工艺规程是工人在加工时的指导性文件。由于普通车床受控于操作工人，在普通车床上用的工艺规程实际上只是一个工艺过程卡，车床的切削用量、进给路线、工序的工步等往往都是由操作工人自行选定。数控车床加工的程序是数控车床的指令性文件。数控车床受控于指令，加工的全程都是按程序指令自动进行的。因此，数控车床加工程序与普通车床工艺有较大差别，涉及的内容也较多。数控车床加工程序不仅要包含零件的工艺过程，还要包含切削用量、进给路线、刀具尺寸以及车床的运动过程。

2）数控车削加工工艺的内容。

数控车床的加工工艺与通用车床的加工工艺有许多相同之处，但在数控车床上加工的零件比在通用车床上加工零件的工艺规程要复杂得多。在数控加工前，要将车床的运动过程、零件的工艺过程、刀具的选择、切削用量和走刀路线等都编入程序。这就要求程序设计人员具有很多方面的知识基础。程序设计人员要注意以下几点：

（1）选择适合在数控车床上加工的零件，确定工序内容。

（2）分析被加工零件的图样，明确加工内容及技术要求。

（3）确定零件的加工方案，制订数控加工工艺路线。如划分工序、安排加工顺序、处理与非数控加工工序的衔接等。

（4）加工工序的设计。如选取零件的定位基准、装夹方案的确定、工步划分、刀具选择和确定切削用量等。

（5）数控加工程序的调整。如选取对刀点和换刀点、确定刀具补偿及确定加工路线等。

2. 加工工艺路线的拟定

数控加工工艺路线制订与通用车床加工工艺路线制订的主要区别，在于它往往不是指毛坯到成品的整个工艺过程，而仅是几道数控加工工序工艺过程的具体描述。因此，在工艺路线制订中一定要注意，由于数控加工工序一般都要穿插于零件加工的整个工艺过程中，所以要与其他加工工艺衔接好。

1）选择加工方法。

在决定某个零件进行数控加工后，并不等于要把所有的加工内容都包下来，而可能只是其中的一部分进行数控车削加工，因此，必须对零件图样进行仔细的工艺分析。根据零件的加工精度、表面粗糙度、材料、结构形状、尺寸及生产类型等因素，选用相应的加工方法和加工方案。

2）加工阶段的划分。

零件的加工过程通常按工序性质不同，可分为粗加工、半精加工、精加工和光整加工四个阶段。

（1）粗加工阶段。其任务是切除毛坯上大部分多余的金属，使毛坯在形状和尺寸上接近零件成品。其主要目标是提高生产率。

（2）半精加工阶段。其任务是使主要表面达到一定的精度，留有一定的精加工余量，为主要表面的精加工做好准备。并可完成一些次要表面加工，如扩孔、攻螺纹、铣键槽等。

（3）精加工阶段。其任务是保证各主要表面达到规定的尺寸精度和表面粗糙度要求。其主要目标是全面保证加工质量。

（4）光整加工阶段。对零件的精度和表面粗糙度要求很高（IT6 级上，表面粗糙度为 $Ra0.2$nm 以下）的表面，需进行光整加工，其主要目标是提高尺寸精度，减小表面粗糙度。一般不用来提高位置精度。

3）工序的划分。

（1）工序的划分原则。

工序的划分可以采用两种不同原则，即工序集中原则和工序分散原则。在数控车床上加工零件，应按工序集中的原则划分工序，在一次安装下尽可能完成大部分甚至全部的表面加工。根据零件的结构形状不同，通常选择外圆、端面或内孔、端面装夹，并力求设计基准、工艺基准和编程原点的统一。

（2）工序划分的方法。

①按零件加工表面划分。将位置精度要求较高的表面安排在一次安装下完成，以免多次安装所产生的安装误差影响位置精度。

②以粗、精加工划分工序。对于毛坯余量较大和精加工的精度要求较高的零件，应将粗车和精车分开，划分成两道或更多的工序。将粗车安排在精度较低、功率较大的数控车床上，将精车安排在精度较高的数控车床上。

③以同一把刀具加工的内容划分工序。

④以加工部位划分工序。

4）加工顺序的安排。

在分析了零件图样并确定工序、装夹方式之后，接着要确定零件的加工顺序。制订零件车削加工顺序一般应遵循以下原则。

（1）先粗后精。

在车削加工中，应先安排粗加工工序。在较短的时间内，将毛坯的加工余量去掉，以提高生产效率。同时应尽量满足精加工的余量均匀性要求，以保证零件的精加工质量。

（2）先近后远。

这里所说的远近，是按加工部位相对于对刀点的距离大小而言的。一般情况下，在数控车床的加工中，通常安排离刀具起点近的部位先加工，离刀具起点远的部位后加工。这样不仅可缩短刀具移动距离、减少空走刀次数、提高效率，还有利于保证坯件或半成品件的刚性，改善其切削条件。

（3）先主后次。

零件的主要工作表面、装配基面应先加工，从而能及早发现毛坯中主要表面可能出现的缺陷。车床次要表面可穿插进行，放在主要加工表面加工到一定程度后、最终精加工之前进行。

（4）基面先行原则。

用作精基准的表面应优先加工出来，因为定位基准的表面越精确，装夹误差就越小。例如轴类零件加工时，总是先加工中心孔，再以中心孔为精基准加工外圆表面和端面。

3. 工件在数控车床上的定位

在零件加工的工艺过程中，合理选择定位基准对保证零件的尺寸和相互位置精度起着决定性的作用。定位基准有两种，一种是以毛坯表面作为基准面的粗基准，另一种是以加工表面作为基准面的精基准。在确定定位基准与夹紧方案时，应注意以下几点。

（1）力求设计基准、工艺基准与编程原点统一，以减少基准不重合误差和数控编程中的计算工作量。

（2）选择粗基准时，应尽量选择不加工表面或能牢固、可靠地进行装夹的表面，并注意粗基准不宜进行重复使用。

（3）选择精基准时，应尽可能采用设计基准或装配基准作为定位基准，并尽量与测量基准重合，基准重合是保证零件加工质量最理想的工艺手段。精基准虽可重复使用，但为了减少定位误差，仍应尽量减少精基准的重复使用。

（4）设法减少装夹次数，尽可能做到一次定位装夹后能加工出工件上全部或大部分待加工表面，以减少装夹误差，提高加工表面之间的相互位置精度，充分发挥机床的效率。

（5）避免采用占机人工调整式方案，以免占机时间太多，影响加工效率。

4. 工件在数控车床上的装夹

要充分发挥数控车床的加工效能，工件的装夹必须快速，定位必须准确。数控车床对工件的装夹要求：首先，应具有可靠的夹紧力，以防止在加工过程中工件松动；其次，应具有较高的定位精度，并便于迅速和方便地装、拆工件。

1）普通装夹。

（1）三爪自定心卡盘。如图 1-9（a）、（b）所示，三爪自定心卡盘是数控车床最常用的主要的自定心夹具。其定位方式主要采用心轴、顶块、缺牙爪等方式，与普通车床的装夹定位方式基本相同。

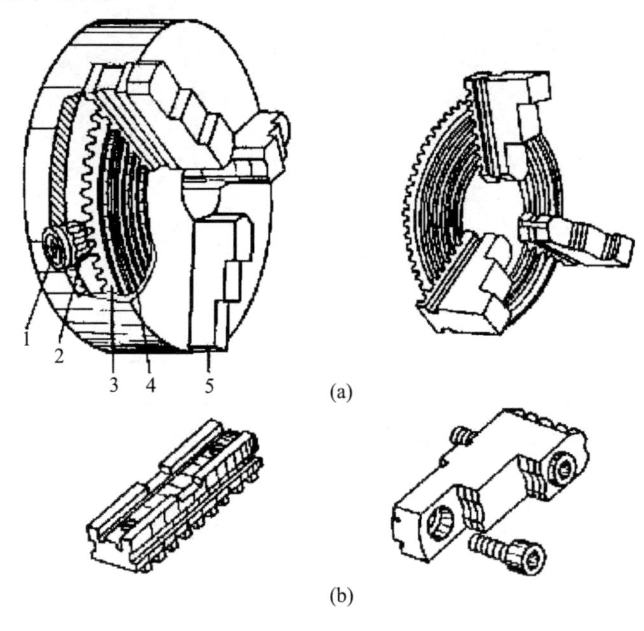

图 1-9　三爪自定心卡盘

（2）四爪单动卡盘。四爪单动卡盘如图 1-10 所示，是车床上常用的卡具，它适用于装夹形状不规则或大型的工件，夹紧力较大，装夹精度较高，不受卡爪磨损的影响，但装夹不如三爪自定心卡盘方便。

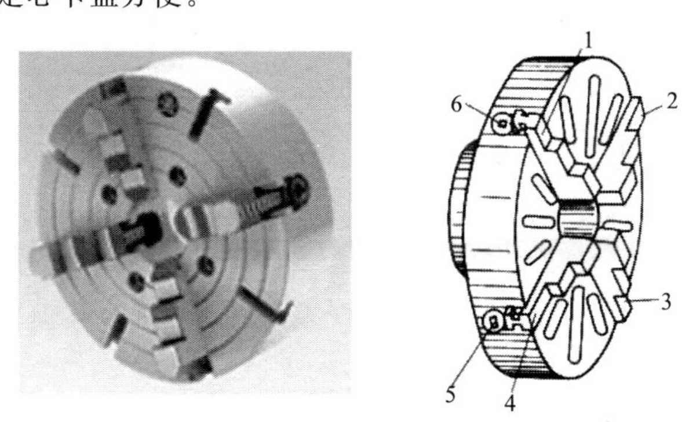

图 1-10　四爪单动卡盘

2）复杂、异形、精密工件装夹。

车削过程中，主要是加工有回转表面的、数控车床比较规则的工件，但也经常遇到一些外形复杂、不规则的异形工件。对开轴承座、十字孔工件、双孔连杆、环首螺钉、齿轮油泵体及偏心工件、曲轴等，这些工件不宜用三爪、四爪卡盘装夹。

3）花盘、角铁和常用附件。

对于一些外形复杂、不规则的异形工件，必须使用花盘、角铁或装夹在专用夹具上加工，如图 1-11 所示。

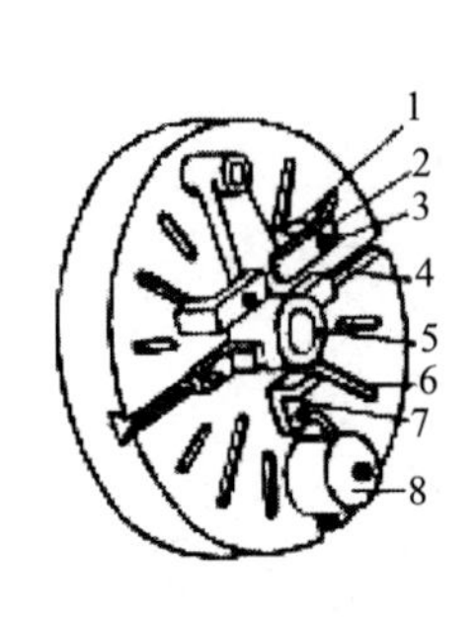

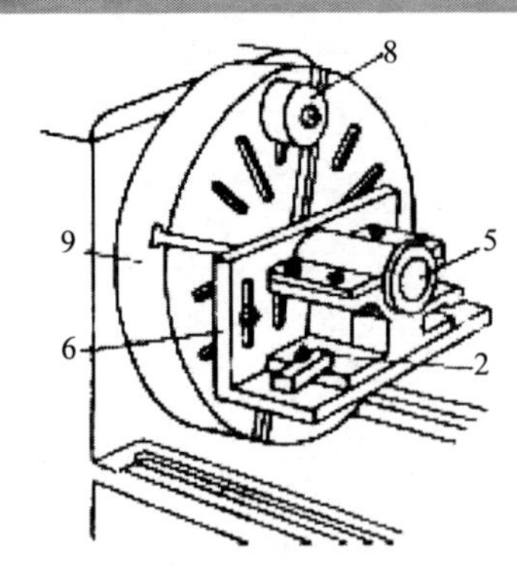

图 1-11　花盘、角铁和常用附件

（1）花盘。花盘是铸铁材料，用螺纹或定位孔形式直接装在车床主轴上。普通车床的工作平面与主轴轴线垂直，平面度误差小，表面粗糙度 $R_a<1.6\mu m$。平面上开有长短不等的 T 形槽（或通槽），用于安装螺栓紧固工件和其他附件。为了适应大小工件的要求，花盘也有各种规格，常用的有中 250mm、中 300mm、442mm 等。

（2）角铁。角铁又叫弯板，是铸铁材料。数控车床有两个相互垂直的平面，表面粗糙度值小于 $1.6\mu m$，并有较高的垂直度精度。

（3）V 形架。工作表面是 V 形面，一般做成 90°或 120°。它的两个面比普通车床都有较高的形位精度，主要用于工件以圆弧面为基准的定位。

（4）平垫铁。它装在花盘或角铁上，作为工件定位的基准平面或导向平面。

（5）平衡铁。平衡铁材料一般是钢或铸铁，有时为了减小体积，也可用铅制作。

六、螺纹轴套数控车削加工工艺分析

1. 零件图工艺分析

1）螺纹配合的主要技术要求。

（1）普通螺纹。主要用于连接和紧固，要求有良好的旋合性和足够的连接强度。

（2）传动螺纹。用于传递动力和位移，要求力的可靠性和位移的准确性。

（3）紧密螺纹。主要用于管道系统中的管件紧密联接，要求有较高的连接强度和密封性。

2）螺纹配合的等级。

（1）国标中规定了不同直径和螺距所对应的旋合长度，分为短（S）、中（N）、长（L）三种旋合长度。国标按螺纹公差等级和旋合长度规定了三种类型的公差带，分别是精密级、中等级和粗糙级，代表着不同的加工难度。

（2）配合精度的确定。

螺纹配合的精度不仅与螺纹公差带大小有关，还与螺纹的旋合长度有关。旋合长度愈长，螺距的累积误差愈大，较难旋合，且加工长螺纹比短螺纹难以保证精度。因此对不同的旋合长度规定不同大小的公差带，旋合长度是螺纹设计中必须考虑的因素，一般多用 N 组。常用的配合精度选择可以参照表 1-3。

精密级，用于精密联结螺纹。

中等级，用于一般用途联结。

粗糙级，用于要求不高及制造困难的螺纹。

(3) 公差带的确定。公差带是螺纹公差等级和基本偏差的组合。表示方法是公差等级后加上基本偏差代号。如外螺纹：6f；内螺纹：6H。与普通尺寸配合的选用：理论上，表中的内外螺纹可以构成各种配合，但从保证足够的接触高度出发，最好选用 H/g、H/h、G/h 的配合（见表 1-3）。

表 1-3　普通螺纹公差带的选用

旋合长度／精度	内螺纹选用公差带			外螺纹选用公差带		
	S	N	L	S	N	L
精密	4H	4H5H	5H6H	(3h4h)	4h*	(5h4h)
中等	5H (5G)	[6H]* (6G)	7H* (7G)	(5h6h) (5g6g)	6h* [6g]* 6f* 6e*	(7h6h) 7g6g
粗糙	—	7H (7G)	—	—	(8h) 8g	—

大量生产的精制紧固螺纹，推荐采用带方框的；带“*”号的为优先选用，其次是不带“*”的，带“()”的尽量不用。

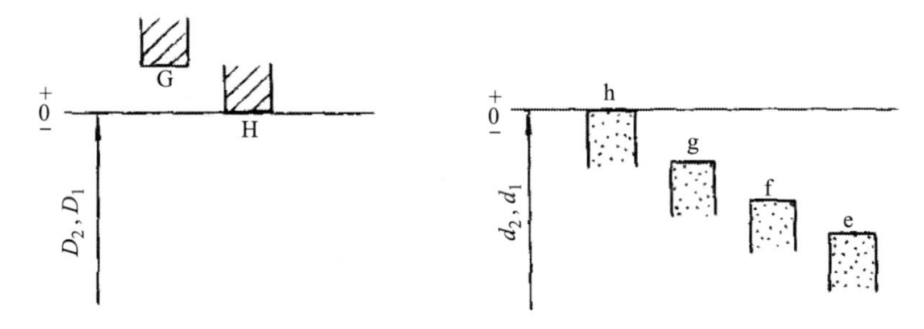

图 1-12　螺纹中径和顶径的基本偏差

(4) 表面粗糙度。国标有普通螺纹的表面粗糙度推荐值。

一般情况下，选用中等精度、中等旋合长度的公差带，即内螺纹公差带常选 6H，外螺纹公差带 6h、6g 应用较广。

3) 影响螺纹结合精度的因素。

(1) 中径偏差的影响。

中径大小影响配合的松紧程度，必须严格限制其实际尺寸，即规定适当的上下偏差。

(2) 螺距偏差的影响。

单个螺距偏差 ΔP，螺距累积偏差 $\Delta P\Sigma$，与旋合长度有关，影响旋合性。

消除干涉：将外螺纹中径减少一个数值 $f\Delta p\Delta$，或将内螺纹中径增大一个数值 fp。fp 称为螺距误差的中径当量，限制螺距误差（见图 1-13）。

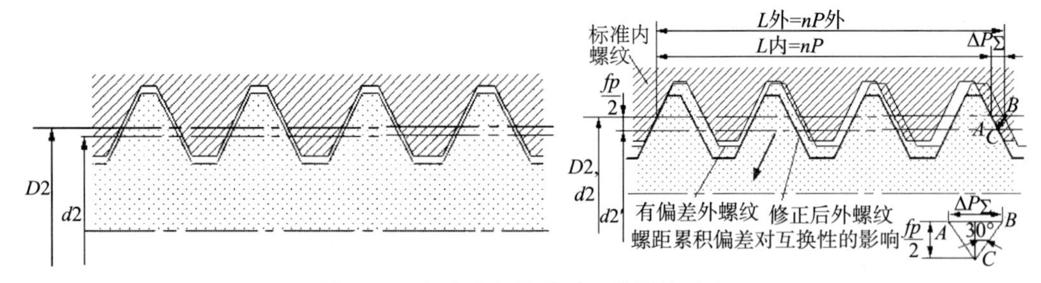

图 1-13　螺纹中径偏差对互换性的影响

（3）牙侧角偏差的影响。

一有牙侧角偏差的外螺纹与理想内螺纹结合，则会在小径或大径处产生干涉。消除干涉，可将外螺纹中径减少一个数值 $f\alpha/2$ 或将内螺纹中径加大一个数值 $f\alpha/2$（见图 1-14）。$f\alpha/2$ 称为牙侧角偏差的中径当量。

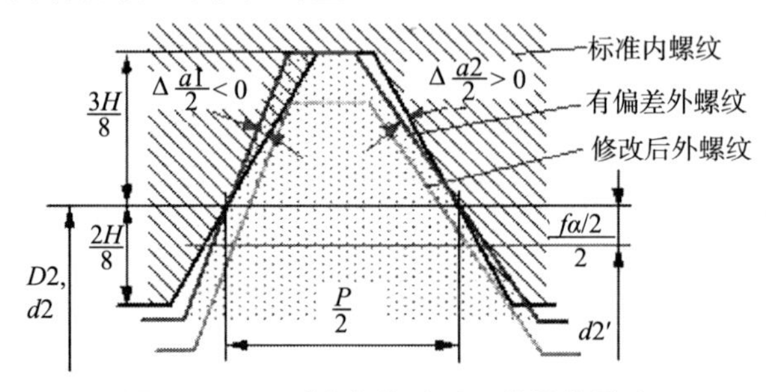

图 1-14　牙型半角偏差对互换性的影响

2. 加工工艺

图 1-15 是螺纹轴套零件图，毛坯直径 ϕ50mm×80mm，材料 45 钢，所用数控车床为 CK6136A，其数控车削加工工艺分析如下。

1）零件图工艺分析。

该零件为轴套类零件。表面由外圆柱面、阶梯外圆面、退刀槽、内外螺纹及内孔、内槽等表面组成，其中 ϕ40、ϕ30 这两个直径尺寸有较高的尺寸精度和表面粗糙度要求。表面粗糙度要求为 1.6μm。为了保证同轴度通常减小切削力和切削热的影响，粗精加工分开，使粗加工中的变形在精加工中得到纠正，其主要特点是内外圆柱面和相关端面的形状。同轴度要求高，加工内螺纹时要与外螺纹配合进行加工，使其达到图纸要求的配合精度。加工时将上道工序切断的棒料进行装夹，加工右面的端面，采用粗车——半精车——精车——粗磨——抛光，加工时需要零件材料为 45 号钢，毛坯尺寸为 ϕ50mm×80mm，切削加工性能较好，无热处理和硬度要求。

通过上述分析，采取以下几点工艺措施。

（1）先粗车掉大部分余量，在粗车时不要产生“过切”现象，粗车的同时为精加工留一定的余量。粗车最后一刀时按照轮廓轨迹走一刀，为精加工留下均匀的余量。

（2）精车到图纸尺寸。精车时，采用一次性走刀将零件轮廓加工完整。为保证工件轮廓表面加工后的粗糙度要求，精加工时，最终轮廓应安排在最后一次走刀连续加工出来。刀具的进退刀路线要认真考虑，以尽量减少在轮廓处停刀，以避免切削力（大小、方向）突然变化造成弹性变形而留下刀痕。一般应沿着零件表面的切向切入和切出，尽量避免沿工件轮廓面垂直方向进、退刀而划伤工件。

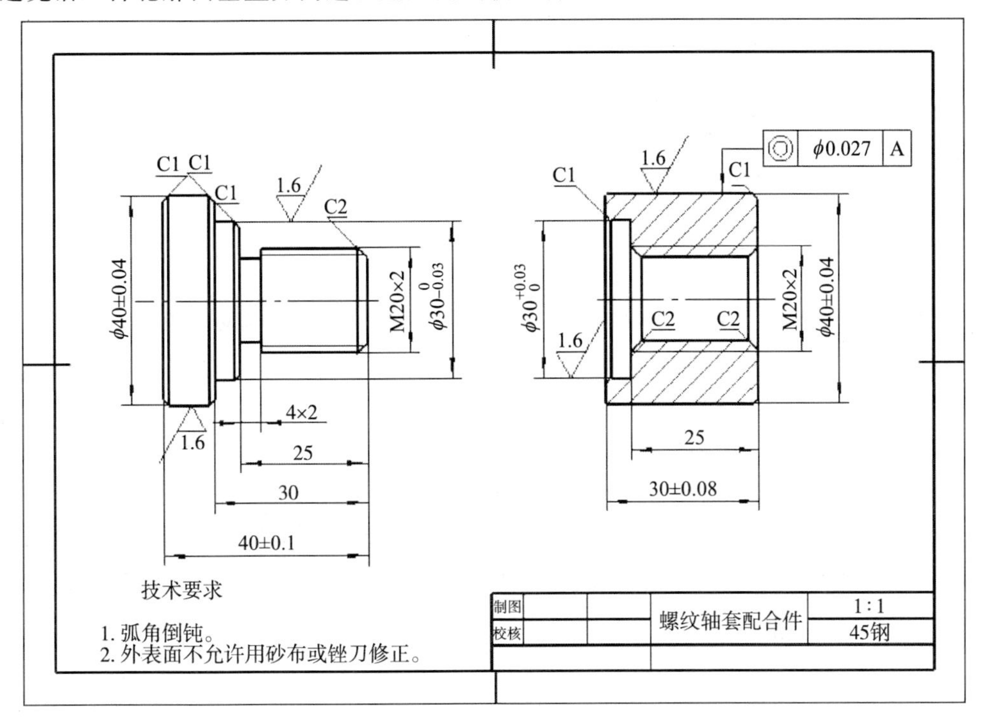

图 1-15　螺纹轴套零件图

（3）为便于装夹，毛坯左端应预先车出夹持部分，右端面也应先粗车，以充分保证同轴度。

（4）进行切断。切断刀在对刀时，最好使用右刀尖对刀比较容易保证尺寸。

2）确定装夹方案。

由于给出的材料长度为 80mm，比较长，所以不需要采用一夹一顶的方式加工，只需要用三爪自定心卡盘夹持毛坯材料的一端即可。所以，本零件选用三爪自定心卡盘作为夹具，其装夹图如图 1-16 所示。

3）确定加工顺序及进给路线。

加工顺序按由粗到精、由近到远（由右到左）原则确定。即先从右到左进行粗车（留 0.5mm 精车余量），然后从右到左进行精车，最后进行切断。

进给路线是刀具在整个加工工序中的运动轨迹，即刀具从对刀点（或机床固定点）开始进给运动起，直到结束加工程序后退刀返回该点及所经过的路线，包括切削加工的路径及刀具切入、切出等非切削空行程。加工路线是编写程序的重要依据之一。

下面为常用的进给路线选择方法：

①最短的空行程路线；

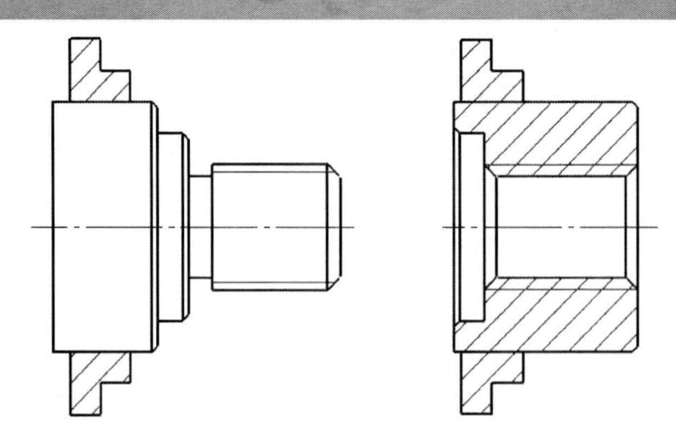

图 1-16　装夹图

②最短的切削进给路线。

在粗加工时，毛坯余量较大，采用不同的循环加工方式，如轴向进刀、径向进刀或固定轮廓形状进给等，将获得不同的切削进给路线。在安排粗加工或半精加工的切削进给路线时，应在兼顾被加工零件的刚性及加工工艺性等要求下，采取最短的切削进给路线，减少空行程时间，可有效提高生产效率，降低刀具磨损。

CK6136A 型数控车床具有粗车循环功能，只要正确使用编程指令，机床数控系统就会确定其进给路线，因此该零件的粗车循环不需要人为确定其进给路线。但精车的进给路线需要人为确定，该零件从右到左沿零件表面轮廓进给，如图 1-17 所示。

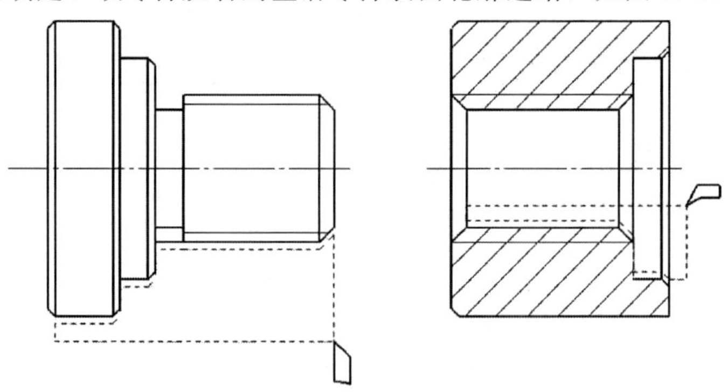

图 1-17　螺纹轴套配合件精车轮廓进给路图

4）数控车削刀具的选择。

在数控车床加工中，产品质量和劳动生产率，在相当大的程度上受到刀具的制约。虽然其车刀的切削原理与普通车床基本相同，但由于数控车床加工的特性，在刀具的选择上，特别是切削部分的几何参数、刀具的形状上尚需进行特别的处理，才能满足数控车床的加工要求，充分发挥数控车床的效益。

（1）数控车床刀具性能方面。

①强度高。为了适应刀具在粗加工或对高硬度材料的零件加工时，能大切深和快走刀，要求刀具必须具有很高的强度；对于刀杆细长的刀具（如深孔车刀），还应有较好的抗震性能。

②精度高。为适应数控加工的高精度和自动换刀等要求，刀具及其刀夹都必须具有

较高的精度。

③切削速度和进给速度高。为提高生产效率并适应一些特殊加工的需要，刀具应能满足高切削速度的要求。例如，采用聚晶刚石复合车刀加工玻璃或碳纤维复合材料时，其切削速度高达 100m/min 以上。

④可靠性好。要保证数控加工中不会因发生刀具意外损坏及潜在缺陷而影响到加工的顺利进行，要求刀具及与之组合的附件必须具有很好的可靠性、较强的适应性。

⑤耐用度高。刀具在切削过程中的不断磨损，会造成加工尺寸的变化，伴随刀具的磨损，还会因刀刃（或刀尖）变钝，使切削阻力增大，即会使被加工零件的表面精度大大下降，同时还会加剧刀具磨损，形成恶性循环。因此，数控车床中的刀具，不论在粗加工、精加工或特殊加工中，都应具有比普通车床加工所用刀具更高的耐用度，以尽量减少更换或修磨刀具及对刀的次数，从而保证零件的加工质量，提高生产效率。

⑥断屑及排屑性能好。车刀有效地进行断屑，对保证数控车床顺利、安全地运行具有非常重要的意义。如果车刀的断屑性能不好，车出的螺旋形切屑就会缠绕在刀头、工件或刀架上，既可能损坏车刀（特别是刀尖），还可能割伤已加工的表面，甚至会发生伤人和设备事故。另外，车刀的排屑性能不好，会使切屑在前刀面或断屑槽内堆积，加大切削刃（刀尖）与零件间的摩擦，加快其磨损，降低零件的表面质量，还可能产生积削瘤，影响车刀的切削性能。因此，应常对车刀采取减小前刀面（或断屑槽）的摩擦系数等措施（如特殊涂层处理及改善刃磨效果等）。对于内孔车刀，需要时还可以考虑从刀体或刀杆的里面引入冷却液，并能使冷却液从刀头附近喷出的冲排结构。

（2）数控车床刀具种类和结构方面。

数控加工对刀具提出了更高的要求，不仅需要刚性好、精度高，而且要求尺寸稳定，耐用度高，断屑和排屑性能好，安装调整方便，用来满足数控机床高效率的要求。

数控车床也可以用普通车床的刀具，如高速钢、硬质合金、涂层刀具等。

①高速钢刀具，是一种含钨（W）、钼（Mo）、铬（Cr）、钒（V）等合金元素较多的工具钢刀具，它具有较好的力学性能和良好的工艺性，可以承受较大的切削力和冲击。但其耐热较差，只适于低速切削。

②硬质合金刀具，硬度、耐磨性、耐热性都明显提高，适于较高的切削速度。

（a）钨钴类（YG）。WC+Co，强度好，硬度和耐磨性较差，用于加工脆性材料、有色金属和非金属材料。常用牌号：YG3、YG6、YG8、YG6X。数字表示 Co 的百分含量，Co 多韧性好，用于粗加工；Co 少用于精加工。

（b）钨钛钴类（YT）。TiC+WC+Co 类（YT）：常用牌号有 YT5、YT14、YT15、YT30 等。此类硬质合金硬度、耐磨性、耐热性都明显提高，但韧性、抗冲击振动性差，主要用于加工钢料，不宜加工脆性材料。含 TiC 量多，含 Co 量少，耐磨性好，适合精加工；含 TiC 量少，含 Co 量多，承受冲击性能好，适合粗加工。

（c）钨钛钽（铌）钴类（YW）。添加 TaC 或 NbC，提高高温硬度、强度、耐磨性。用于加工难切削材料和断续切削。常用牌号：YW1、YW2。

③涂层刀具。在刀具基体材料上涂一薄层耐磨性高的难熔金属化合物而得到的刀具，可兼有前两种刀具的优点。常用涂层材料：TiN、TiC、Al_2O_3。

④陶瓷刀具材料。硬度、耐热性和耐磨性高于硬质合金，不粘刀。脆性大，易蹦刃，主要用于切削45～55HRC的工具钢和淬火钢。也可对铸铁、淬硬钢进行精加工和半精加工。

⑤超硬材料刀具。是金刚石和立方氮化硼刀具的统称，用于超精加工和硬脆材料加工。

在数控车削中，可以使用普通车床用的焊接车刀，但应用最广泛的还是机夹可转位刀具，它是提高数控加工生产率，保证产品质量的重要手段。可转位车刀仍为方形刀体或圆柱刀杆。其结构如图1-18、图1-19所示，刀片的安装和更换都比较方便。可转位车刀刀片种类繁多，使用最广的是菱形刀片，其次是三角形刀片、圆形刀片及切槽刀片。菱形刀片按其菱形锐角不同有80°、55°和35°三类。80°菱形刀片刀尖角大小适中，刀片既有较好的强度、散热性和耐用度，又能装配成主偏角略大于90°的刀具，用于端面、外圆、内孔、台阶的加工。同时，这种刀片的可夹固性好，可用刀片底面及非切削位置上的80°刀尖角的相邻两侧面定位，定位方式可靠，且刀尖位置精度仅与刀片本身的外形尺寸精度相关，转位精度较高，适合数控车削。35°菱形刀片因其刀尖角小，干涉现象少，多用于车削工件的复杂型面或开挖沟槽。

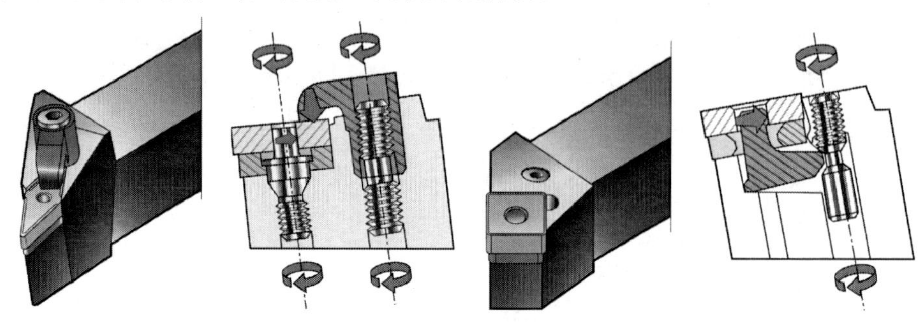

图1-18 常见数控车刀的结构

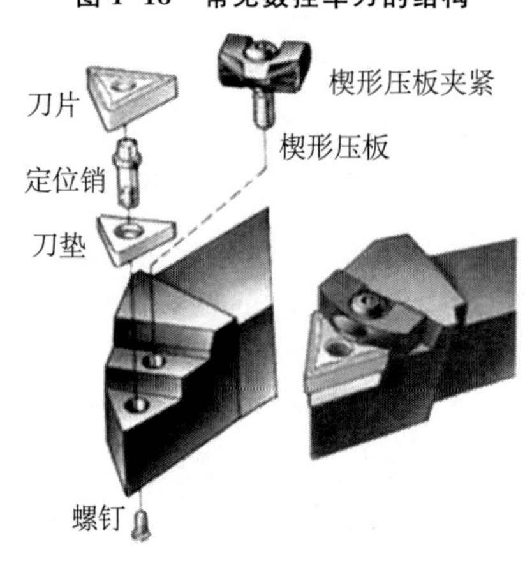

图1-19 数控车刀的结构图

可转位刀片的国家标准是采用了 ISO 国际标准，并在国际标准规定的九位号码之后，再加一个字母和一位数字，表示刀片断屑槽的形式和宽度。常用数控可转位车刀刀片如图 1-20 所示。

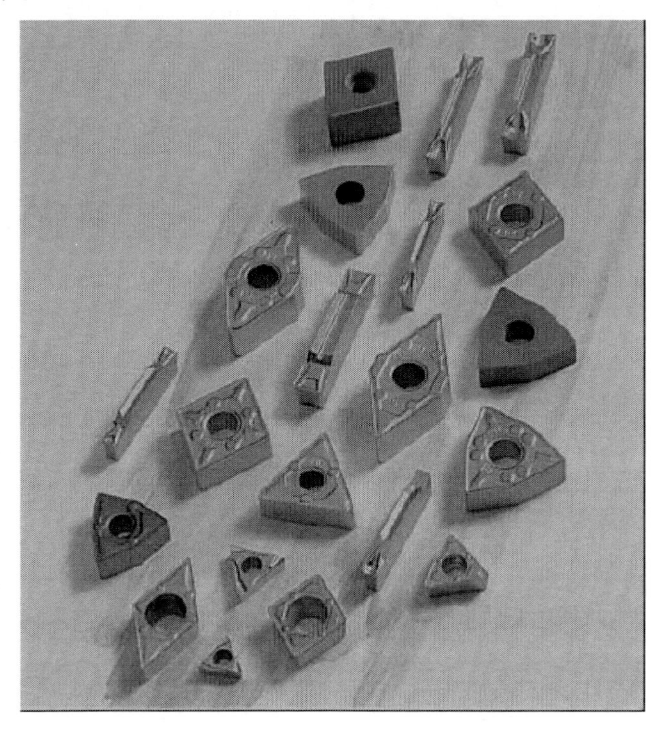

图 1-20　常用数控可转位车刀刀片展示

按照规定，任何一个型号的刀片都必须用前七个号位，后三个号位在必要时才用。但对于车刀来说，第十号位属于标准要求标注的部分。刀片型号及表示的含义如图 1-21 所示。

5）本零件所选刀具。

（1）粗车外圆时选 93°外圆刀，粗车内孔时选内孔刀。

（2）为减少刀具数量和换刀次数，加工外圆和内孔的粗、精车选同一把刀。

（3）加工外螺纹时选 60°外螺纹刀，加工内螺纹时选 60°内螺纹刀。

（4）切槽和切断选刀宽为 4mm 的机卡切断刀进行切断。

将所定的刀具参数填入表 1-4 数控加工刀具卡片中，以便于编程和操作管理。

6）切削用量的选择。

数控车削加工中的切削用量是机床主运动和进给运动速度大小的重要参数，包括切削深度 a_p、主轴转速 S（n）或切削速度 v_c、进给量 f 或进给速度 F，并与普通车床加工中所要求的各切削用量基本一致。加工程序的编制过程中，选择好切削用量，使切削深度、主轴转速和进给速度三者间能相互适应，形成最佳切削参数，是工艺处理的重要内容之一。

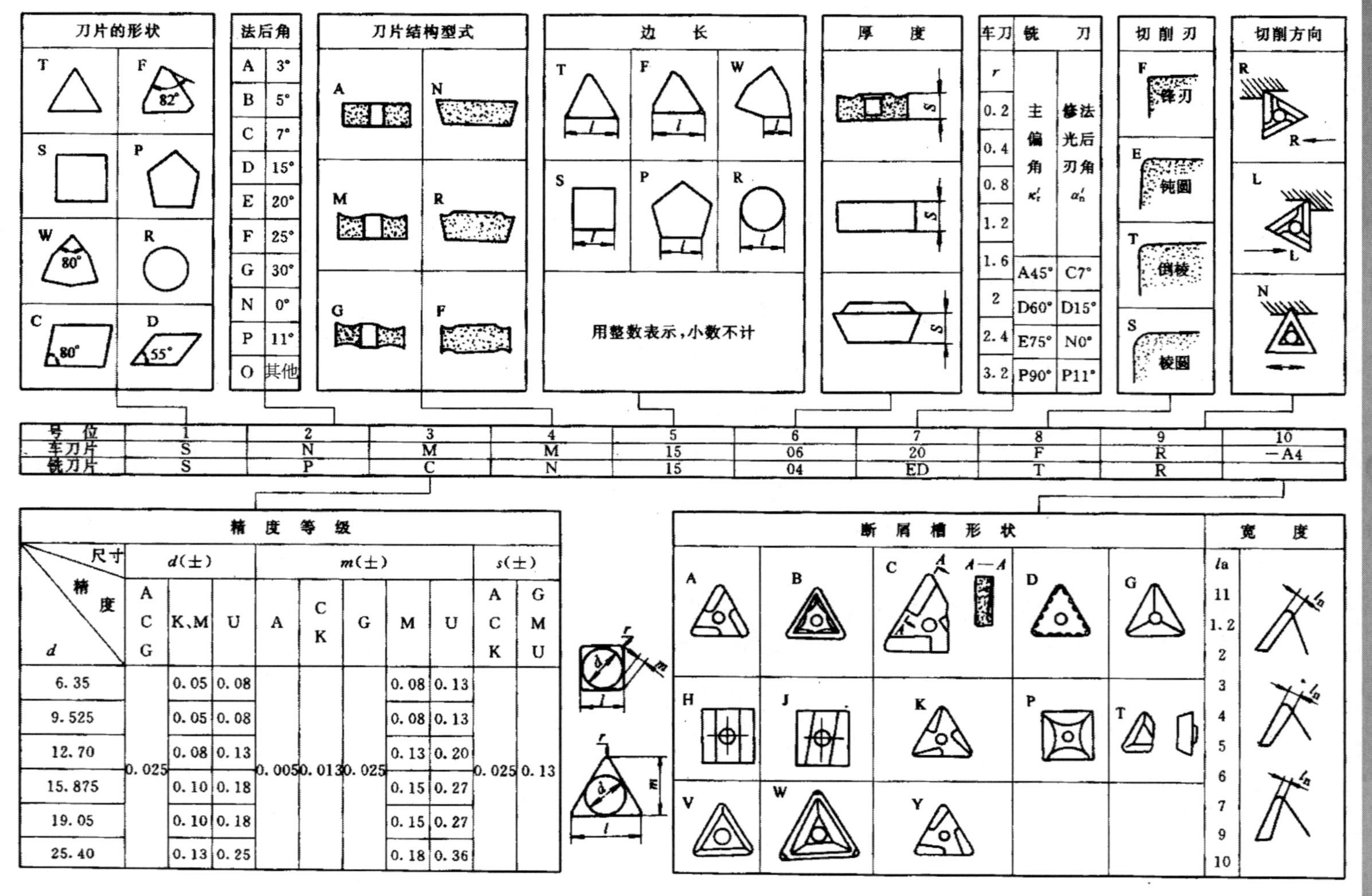

图1-21 刀片型号及各参数的含义

表 1-4　数控加工刀具卡片

产品名称或代号	配合件数控加工	零件名称	螺纹轴套配合件	零件图号	MDJJSXY－01
刀具号	刀具名称	数量	加工内容	刀尖半径/mm	刀具规格/mm×mm
T01	93°外圆刀	1	粗车轮廓	0.8	20×20
T01	93°外圆刀	1	精车轮廓	0.8	20×20
T02	内孔刀	1	粗车轮廓	0.4	20×20
T02	内孔刀	1	精车轮廓	0.4	20×20
T03	60°外螺纹刀	1	外螺纹	0.4	20×20
T04	60°内螺纹刀	1	内螺纹	0.4	20×20
T05	切断刀	1	切槽、切断		20×20
编制	审核		批准	第　页	共　页

（1）切削深度 a_p 的确定。

在车床主体—夹具—刀具—零件这一系统刚性允许的条件下，尽可能选取较大的切削深度，以减少走刀次数，提高生产效率。当零件的精度要求较高时，则应考虑适当留出精车余量，其所留精车余量一般比普通车削时所留余量小，常取 0.2～0.5mm。本次零件加工粗车循环时 a_p＝2mm，精车 a_p＝0.25mm。

（2）主轴转速 S（n）或切削速度 v_c 的确定

非车削螺纹时主轴转速 n。主轴转速的确定方法，除螺纹加工外，其他与普通车削加工时一样，应根据零件上被加工部位的直径，并按零件和刀具的材料及加工性质等条件所允许的切削速度来确定。在实际生产中，主轴转速可用下式计算：

$n=1000v_c/\pi d$

式中：n，主轴转速（r/min）；

v_c，切削速度（m/min）；

d，零件待加工表面的直径（mm）。

本次零件加工粗车 n＝1000r/min，精车 n＝1600r/min。

（3）进给量 f 或进给速度 F 的确定。

进给量是指工件旋转一周，车刀沿进给方向移动的距离（mm/r），他与切削深度有着较密切的关系。粗车时一般取为 0.3～0.8mm/r，精车时常取 0.1～0.3mm/r，切断时宜取 0.05～0.2mm/r。进给速度主要是指在单位时间内，刀具沿进给方向移动的距离（如 mm/min），有些数控车床规定可选用以进给量（mm/r）表示的进给速度。

①确定进给速度的原则。

（a）当工件的质量要求能够得到保证时，为提高生产效率，可选择较高（2000mm/min 以下）的进给速度。

（b）切断、车削深孔或用高速钢刀具车削时，宜选择较低的进给速度。

（c）刀具空行程，特别是远距离“回零”时，可设定尽量高的进给速度。

（d）进给速度应与主轴转速和切削深度相适应。

②进给速度的确定。

进给速度 F 包括纵向进给速度和横向进给速度。每分钟进给速度的计算公式为：$F=nf$（mm/min）。

本次零件加工粗车、精车进给量 f 分别为 0.3mm/r 和 0.1mm/r，进给速度 F 分别为 200mm/min 和 100mm/min。

前面分析的各项内容可综合成表 1-5 所示的数控加工工艺卡片。

表 1-5　螺纹轴套配合件数控加工工艺卡

<table>
<tr><td rowspan="2">单位名称</td><td rowspan="2">牡丹江技师学院</td><td colspan="2">产品名称</td><td colspan="3">配合件数控加工</td><td>图号</td><td>MDJJSXY－01</td></tr>
<tr><td colspan="2">零件名称</td><td colspan="2">螺纹轴套配合件</td><td>数量</td><td>30</td><td>第　页</td></tr>
<tr><td>材料种类</td><td>碳钢</td><td>材料牌号</td><td>45 钢</td><td colspan="2">毛坯尺寸</td><td colspan="2">ϕ20mm×60mm</td><td>共　页</td></tr>
<tr><td rowspan="2">工序号</td><td rowspan="2">工序内容</td><td rowspan="2">车间</td><td rowspan="2">设备</td><td colspan="3">工具</td><td rowspan="2">计划工时</td><td rowspan="2">实际工时</td></tr>
<tr><td>夹具</td><td>量具</td><td>刃具</td></tr>
<tr><td>1</td><td>粗车轮廓</td><td>数控车间</td><td>CK6136A</td><td>三爪自定心卡盘</td><td>千分尺
游标卡尺</td><td>93°外圆刀</td><td></td><td></td></tr>
<tr><td>2</td><td>精车轮廓</td><td>数控车间</td><td>CK6136A</td><td>三爪自定心卡盘</td><td>千分尺
游标卡尺</td><td>93°外圆刀</td><td></td><td></td></tr>
<tr><td>3</td><td>粗车轮廓</td><td>数控车间</td><td>CK6136A</td><td>三爪自定心卡盘</td><td>千分尺
游标卡尺</td><td>内孔刀</td><td></td><td></td></tr>
<tr><td>4</td><td>精车轮廓</td><td>数控车间</td><td>CK6136A</td><td>三爪自定心卡盘</td><td>千分尺
游标卡尺</td><td>内孔刀</td><td></td><td></td></tr>
<tr><td>5</td><td>外螺纹</td><td>数控车间</td><td>CK6136A</td><td>三爪自定心卡盘</td><td>千分尺
游标卡尺</td><td>60°外螺纹刀</td><td></td><td></td></tr>
<tr><td>6</td><td>内螺纹</td><td>数控车间</td><td>CK6136A</td><td>三爪自定心卡盘</td><td>千分尺
游标卡尺</td><td>60°内螺纹刀</td><td></td><td></td></tr>
<tr><td>7</td><td>切槽、切断</td><td>数控车间</td><td>CK6136A</td><td>三爪自定心卡盘</td><td>千分尺
游标卡尺</td><td>切断刀</td><td></td><td></td></tr>
<tr><td>更改号</td><td></td><td colspan="2">拟定</td><td colspan="2">校正</td><td colspan="2">审核</td><td>批准</td></tr>
<tr><td>更改者</td><td></td><td colspan="2"></td><td colspan="2"></td><td colspan="2"></td><td></td></tr>
<tr><td>日期</td><td></td><td colspan="2"></td><td colspan="2"></td><td colspan="2"></td><td></td></tr>
</table>

七、加工工时的预估方法

（1）经验法。根据以往的经验确定加工的工时，这实际上是以前经验的总结，例如，某工件某道工序加工以前一直是开 2 小时，也基本没有异议，那么现在也确定是 2 小时。

（2）实测法。某工件某道工序以前没有加工过，那么让一个水平中等、效率中等的操作工做，他用的工时乘以 1.1 就是这个工件这道工序的加工工时，这实际上是通过实测确定工时。

（3）计算法。某工件某道工序有几个工步，每个工步是多少时间，加起来就是工时。例如，车床车一个外圆，表面粗糙度 Ra 是 3.2，加工余量是 5 毫米，那么一般要通过以下工步才能完成：粗车、半精车、精车、车两端面、倒角。根据不同的材料、工况确定转速、进刀量，然后通过计算得出。另外，各工序每批次都有一个准备工时，一般30件为一个单位（具体要根据本单位的情况确定），每单位准备工时为0.5小时。任何人定的工时都会有偏差，只是水平好的偏差小一点而已。

八、编制程序

1. 确定编程原点

根据零件图样确定编程原点并在图中标出，如图1-22所示。

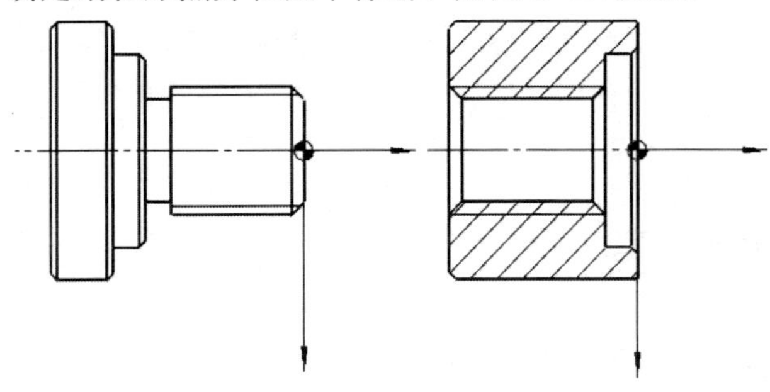

图1-22　确定编程原点

2. 数控编程的种类

数控编程有三种方法，即手工编程、自动编程和计算机辅助编程。采用哪种编程方法应视零件的难易程度而定。

（1）手工编程。

手工编程，从分析零件图样、确定加工工艺过程、数据计算、编写零件加工程序单、程序输入数控系统到程序校验，都是由人工完成。对于加工形状简单、计算量小、程序不多的零件（如点位加工或由直线与圆弧组成的轮廓加工），采用手工编程比较容易，而且经济、快捷。对于形状复杂的零件，特别是具有非圆曲线、曲面组成的零件，手工编程就有一定困难，出错的概率增大，有时甚至无法编出程序，必须用自动编程的方法编制程序。

（2）自动编程。

自动编程是由编程人员将加工部位和加工参数以一种限定格式的语言写成源程序，然后由专门的软件转换成数控程序。常用的有APT语言。APT是一种自动编程工具（Automatically Programmed Tools）的简称，是一种对工件、刀具的几何形状及刀具相对于工件的运动等进行定义所用的一种接近于英语的符号语言。把用APT语言书写的零件加工程序输入计算机，经计算机的APT语言编程系统编译产生刀位文件，然后进行数控后置处理，最后生成数控系统能接受的零件加工程序的过程，称为APT语言编程。自动编程使得一些计算烦琐、手工编程困难或无法编出的程序能够顺利地完成。

（3）CAD/CAM计算机辅助数控编程。

计算机辅助数控编程是以待加工零件CAD模型为基础的一种集加工工艺规划及数控编程为一体的自动编程方法。目前，以CAD/CAM一体化集成形式的软件已成为数控加工自动编程系统的主流。这些软件可以采用人机交互方式，进行零件几何建模（绘图、编辑和修改），对车床和刀具参数进行定义和选择，确定刀具相对于零件的运动方式、切削加工参数，自动生成刀具轨迹和程序代码。最后经过后置处理，按照所使用车床规定的文件格式生成加工程序。通过串行通信的方式，将加工程序传送到数控车床的数控单元。

3. 本次学习任务所用数控指令介绍

数控编程五大功能代码包括：准备功能代码（G 功能）、辅助功能代码（M 功能）、进给功能代码（F 功能）、主轴转速功能代码（S 功能）和刀具功能代码（T 功能）。

1）准备功能（G 功能）。

准备功能是完成某些准备动作的指令，用来指令机床动作的方式，又称 G 功能，由地址符 G 和后面的两位数字组成。主要规定刀具和工件的相对运动轨迹、机床坐标系、坐标平面、刀具补偿、坐标偏置等多种加工操作。

此次学习任务所用准备功能如下所述。

（1）快速点定位指令 G00。

①格式“G00　X _Z _；X _、Z _”为目标点坐标值，该指令表示刀具从当前位置快速移动到目标位置。在实际操作时，可以通过参数设置 G00 的速度，还可以通过机床上的按钮“F0”“F25”“F50”“F100”对其移动速度进行调节。

②运行轨迹，通过参数可设定为直线或折线，通常为折线，即先在 X 轴和 Z 轴移动相同增量，而后再移动距离较长轴的剩余量，如图 1-23 所示。

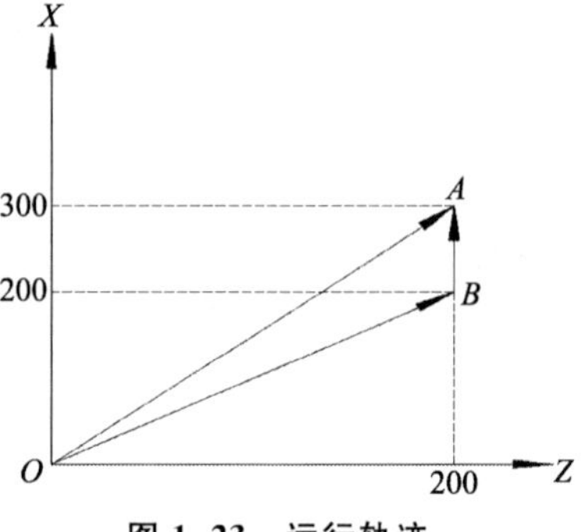

图 1-23　运行轨迹

刀具的初始位置在 O 点，当其执行“G00X300Z200”时，刀具由 O 点快速移动到 B 点，再由 B 点快速移动到 A 点。在编程过程中，一定要特别注意 G00 指令的运行轨迹，要清楚刀具相对于工件、夹具所处的位置，以避免在进、退刀过程中刀具与工件、夹具等发生碰撞。

（2）直线插补指令 G01。

①格式。“G01　X _Z _F _；X _、Z _”为刀具目标点坐标值，F 为进给速度。该指令表示刀具从当前位置切削加工到目标位置（见图 1-24）。

②运行轨迹。由起点（当前点）到终点（目标点）的一条直线，常用来加工圆柱面、圆锥面、阶台、槽、倒角等，上图中如果用“G01X300Z200F100”，则运行轨迹是以每分钟 100 毫米的速度从 O 点切削加工至 A 点，即 $O \to A$。

（3）内外圆粗、精车复合循环。

外圆粗车复合循环指令适合切除棒料毛坯的大部分加工余量，主要用于径向尺寸要求比较高，轴向尺寸大于径向尺寸的毛坯工件进行粗车循环。

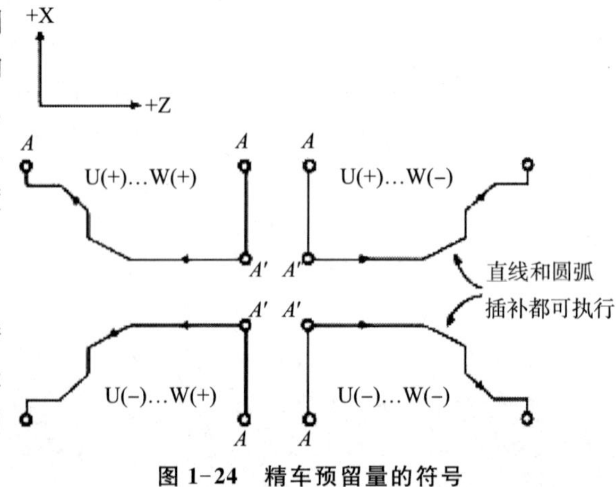

图 1-24　精车预留量的符号

①粗车循环 G71。

指令格式：G71　U（Δd）　R（e）

G71　P（ns）Q（nf）

U（Δu）　W（Δw）　F××

其中，Δd 为 X 轴方向背吃刀量，用半径量指定，不带符号；

e 为每次循环的退刀量；

ns—nf 之间的程序是描述工件的精加工轨迹的，ns 为精加工程序的第一个程序段号，nf 为精加工程序的最后一个程序段号；

Δu 为 X 向精车余量的大小和方向，用直径量指定，外圆的加工余量为正，内孔的加工余量为负；

Δw 为 Z 轴方向精车余量的大小和方向。

②运行轨迹。

如图 1-25 所示，刀具从起点 C 快退至 D 点，沿 X 向快速进刀 Δd 值至 E 点，按 G01 方式切削进刀至 G 点后，沿 45°退刀 e 值至 H 点，再快速沿 Z 向退刀至 D 点的 Z 值处（I 点），再沿 X 向进刀（$e+\Delta d$），完成第一次切削循环，再开始第二次切削循环，如此完成粗车后，再按平行于精加工表面的轨迹进行半精车，完成后快速返回起点 C，此时，待精加工表面分别留出 Δu 和 Δw 的余量。

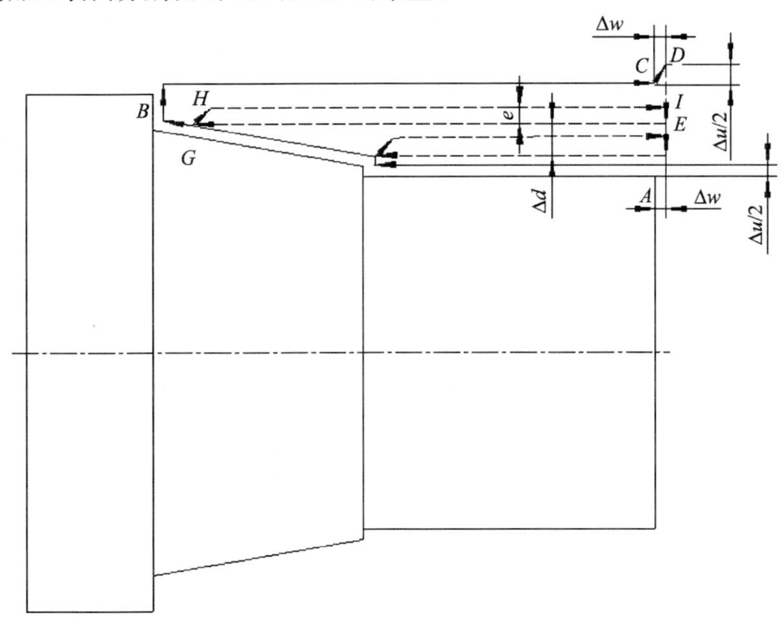

图 1-25　G71 指令运行轨迹示意图

（a）G71 指令中的“F __ S __”指粗加工循环中的 F、S 值，该值一经指定，则在此“ns—nf”之间所有 F、S 值对粗加工循环均无效；

（b）该指令适于加工轮廓外形单增或单减的形式。

（c）要注意“ns”程度段必须只有 X 向进刀。

（d）当出现凹形轮廓时，本指令不能分层切削，而是在半精加工时一次性切削。

(e) 循环结束后，可以用 G70 指令进行精车。

(f) G71 循环前的定位点必须是毛坯以外并且靠近工件毛坯的点，因为该点会被系统认为毛坯的大小，即从该点起开始粗加工零件。

②精车循环 G70。

格式：G70　P (ns)　Q (nf)

"ns""nf"分别为精车程序的首尾程序段号。

说明：该指令必须用于 G71、G72、G73 指令之后，不单独使用；执行 G70 循环时，刀具沿工件的实际外形轮廓轨迹进行切削，结束后刀具返回起点，运行的 F、S 值由"ns"到"nf"之间的 F、S 值决定。

(4) 螺纹指令。

螺纹的导入和导出距离 $\delta 1=2\sim3P$，$\delta 2=1\sim2P$。

车削螺纹前轴外径 $=D-0.13P$。

车削螺纹前塑性金属孔径 $=D-P$。

车削螺纹前脆性金属孔径 $=D-1.05P$。

其中，D 为螺纹公称直径，P 为螺距。

车削外螺纹底径 $=D-1.3P$。

车削内螺纹底径 $=D$。

常用普通螺纹切削的进给次数与背吃力量见表 1-6。

表 1-6　常用普通螺纹切削的进给次数与背吃力量　　mm

螺距		1.0	1.5	2.0	2.5	3.0	3.5	4.0
总切深		1.3	1.95	2.6	3.25	3.9	4.55	5.2
每次切削的背吃刀量	1	0.7	0.8	0.9	1.0	1.5	1.5	1.5
	2	0.4	0.6	0.6	0.7	0.7	0.7	0.8
	3	0.2	0.4	0.6	0.6	0.6	0.6	0.6
	4		0.15	0.4	0.4	0.4	0.6	0.6
	5			0.1	0.4	0.4	0.4	0.4
	6				0.15	0.4	0.4	0.4
	7					0.2	0.2	0.4
	8						0.15	0.3
	9							0.2

①单行程螺纹切削指令。

指令格式：G32　X (U) __Z (W) __F __Q __ (等螺距)

G34　X (U) __Z (W) __F __K __ (变螺距)

参数含义：X (U) __Z (W) __为螺纹终点坐标。

F 为导程，其值为螺距与螺纹线数的乘积，单线螺纹的导程等于螺距。

Q 为螺纹起始角，单位为 0.001 度，单线时该值不用指定，该值为零；多线时，按线数等分圆周。每刀间隔为等分的角度数。

K 为主轴每转螺距的增量（正值）或减量（负值）。

②单一固定循环切削螺纹指令（模态）。

指令格式：G92　X（U）＿　Z（W）＿F＿R＿

参数含义：X（U）＿Z（W）＿为螺纹切削终点坐标；

F 为螺纹导程；

R 为加工圆锥螺纹时，切削起点与切削终点的半径差（计算方法同 G90 指令中的 R 值）。

运行轨迹：

如图 1-26 所示，刀具从循环起点 A 沿 X 向快速移至切削起点 B，然后按 F 给定的导程值切削螺纹至切削终点 C，X 向快速退刀至 D 点，最后快速返回循环起点 A。

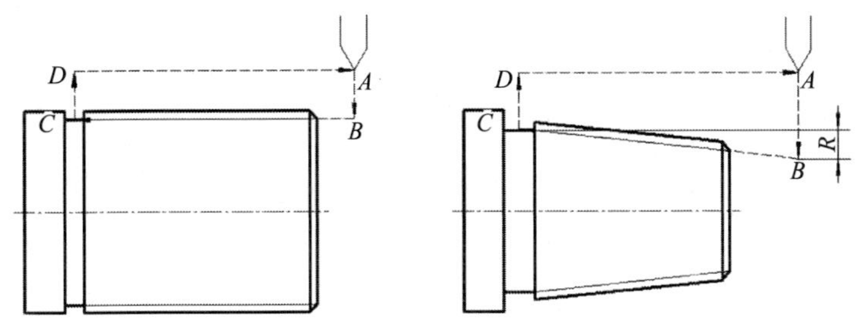

图 1-26　G92 指令运行轨迹图

③复合固定循环切削螺纹指令。

指令格式：G76　P（m）（r）（α）　Q（Δdmin）　R（d）

G76　X（U）＿Z（W）＿R（i）　P（k）　Q（Δd）　F＿

参数含义：

m 为精加工循环次数，范围 1～99。

r 为螺纹退尾的 Z 向距离，单位为 0.1S（S 为导程），范围 0～99。

α 为刀尖角度，可选择 80°、60°、55°、30°、29°、0°中的一种。

m、r 和 α 用地址 P 同时指定。

例：当 $m=2$，$r=1.2S$，$\alpha=60°$，指定如下：P021260。

Δdmin 为最小切深，用不带小数点的半径值表示。

d 为精加工余量，用带小数点的半径值表示。

X（U）＿Z（W）＿　为螺纹切削终点处坐标。

i 为螺纹切削起点与切削终点半径差（$i=0$，则可进行圆柱螺纹切削）。

k 为牙型编程高度，用不带小数点的半径值表示。

Δd 为第一刀切削深度，用不带小数点的半径值表示。

F ＿为导程。

a. 由地址 P、Q 和 R 指定的数值的意义取决于 X（或 U）和 Z（或 W）的存在。

b. X（或 U）和 Z（或 W）的 G76 指令执行循环加工。该循环用一个刀刃切削（斜进刀），使刀尖的负荷减小。第一刀的被吃刀量为 Δd，第 n 刀的被吃刀量为（$\sqrt{n}$ －

$\sqrt{n-1}$）Δd，每次切削循环的被吃刀量逐步递减。在图 1—26 中，C 和 D 之间的进给速度由地址 F 指定，而轨迹则是快速移动。图中增量尺寸的符号如下：

c. U、W：由刀具轨迹 AC 和 CD 的方向决定。

d. R：由刀具轨迹 AC 的方向决定。

e. P：＋（总是）；Q：＋（总是）。

f. 螺纹切削的注释与 G32 螺纹切削和 G92 螺纹切削循环的注释相同。

g. 倒角值对于 G92 螺纹切削循环也有效。

h. 在螺纹切削复合循环（G76）加工中，按下进给暂停按钮时，就跟螺纹切削循环终点的倒角一样，刀具立即快速退回，刀具返回到该循环的起始点。当按下循环启动按钮时，螺纹切削恢复。

i. 对于多头螺纹的加工，可将螺纹加工起点的 Z 轴方向坐标偏移一个螺距（或多个螺距）。

运行轨迹如图 1-27 所示，刀具从循环起点 A 处快速沿 X 向进给至切削点 B 处，然后沿与基本牙型一侧平行的方向进给 X 向切深 Δd，再以螺纹切削方式切削至离 Z 向终点距离为 r 时，倒角退刀至 Z 向终点，再 X 向快退至 E 点，返回 A 点，如此循环，直至完成整个螺纹切削过程，其进刀方式为斜进刀，减小了切削阻力，提高刀具寿命，利于保证加工精度。

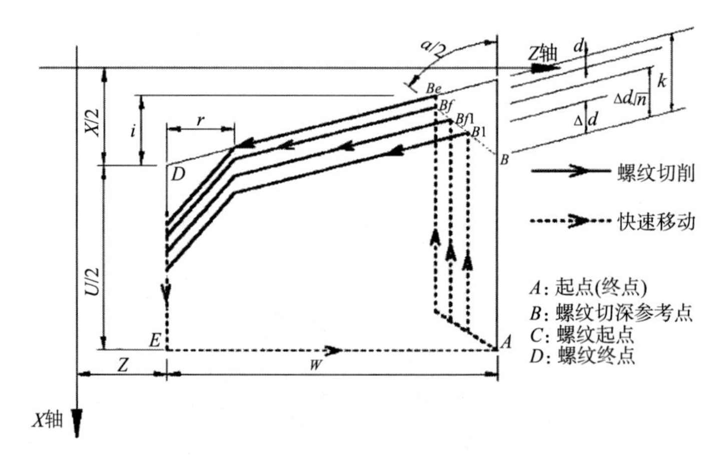

图 1-27　G76 指令运行轨迹图

2）辅助功能（M 功能）。

辅助功能又称 M 功能，主要用来控制机床或系统的各种辅助动作，与数控系统的插补运算无关。如主轴的正反转、切削液的开关、工作台的转位、运动部件的锁紧与松开、程序的暂停、结束等，由地址符 M 和后面的两位数字组成。

3）进给功能代码（F 功能）。

进给功能用来指定刀具相对于工件运动速度，由地址符 F 和后面数字组成，用 G98 指定分进给，用 G99 指定转进给。例如，“G98F200”表示刀具的进给速度为每分钟 200 毫米，“G99F0.3”表示主轴每转一转刀具进给 0.3 毫米。

4）主轴转速功能代码（S 功能）。

主轴功能控制主轴转速的功能，又称为 S 功能，由 S 及后面的一组数字组成。用

G96 指定恒线速的线速度（米/分），用 G97 指定转速（转/分），机床默认值为 G97。例如，“S1000”表示主轴转速为 1000 转/分，“G96S100；G50S5000”表示刀位点处的线速度为 100 米/分，且最高转速不能超过 5000 转/分。主轴的正转、反转、停止分别用 M03、M04、M05 进行控制。

5）刀具功能代码（T 功能）。

刀具功能又称 T 功能，指系统选择刀具的指令，FANUC 系统用地址符 T 加四位数字表示，前两位数字表示刀具号码，后两位数字表示刀具偏置号。如 T0201 表示选择 2 号刀具及选 1 号刀偏值。

4. 归纳编程指令

根据零件图样及加工工艺，结合所学数控系统，归纳出螺纹轴套配合件加工用到的编程指令（包括 G 代码指令和辅助指令），见表 1-7。

表 1-7　螺纹轴套配合件加工用到的编程指令

序号	选择的指令	指令格式
1	G00	G00　X _ Z _ ；
2	G01	G01　X _ Z _ F _ ；
3	G71	G71　U（Δd）　R（e） G71　P（ns）　Q（nf）　U（Δu）　W（Δw）　F××
4	G70	G70　P（ns）　Q（nf）
5	G76	G76　P（m）（r）（α）　Q（Δdmin）　R（d） G76　X（U）_ Z（W）_ R（i）　P（k）　Q（Δd）　F _
6	M 功能	M××
7	T 功能	T××××
8	S 功能	S××××
9	F 功能	F××××
10		
11		
12		

5. 问题与任务

（1）为了保证零件的加工精度，在加工过程中应多次进行测量，试考虑在程序中如何实现这一环节。

（2）根据零件加工步骤及工艺分析，完成螺纹轴套配合件数控加工程序的编制（见表 1-8～表 1-11）。

表 1-8　螺纹轴左端加工程序

程序段号	螺纹轴（左端）	O0001：
	加工程序	程序说明
N10	T0101	93°外圆刀
N20	G00X100Z100M03S1000	
N30	G00X55Z3	
N40	G71U1R1	
N50	G71P1Q2U0.5F0.3	
N60	N1G00X16	
N70	G01　Z0	
N80	G01X20Z－2	
N90	Z－25	
N100	X28	
N110	X30Z－26	
N120	Z－30	
N130	G01X38	
N140	G01X40Z－31	
N150	G01　Z－40	
N160	N2G01X55	
N170	G70P1Q2S1600F0.1	
N180	G00X100Z100	
N190	T0505	切槽刀
N200	G00X35Z－25M03S400	
N210	G01X16F0.05	
N220	G00X35	
N230	G00X100Z100	
N240	T0303	60°外螺纹刀
N250	G00X25Z4	
N260	G76P061060Q100R0.1	
N270	G76X17.4Z－25P1300Q300F2	
N280	G00X100Z100	
N290	M30	

表 1-9　螺纹轴右端加工程序

程序段号	螺纹轴（右端）	O0001;
	加工程序	程序说明
N10	T0101	93°外圆刀
N20	G00X100Z100M03S1000	
N30	G00X55Z3	
N40	G71U1R1	
N50	G71P1Q2U0.5F0.3	
N60	N1G00X38	
N70	G01　Z0	
N80	G01X40Z－2	
N90	Z－15	
N100	N2G01X55	
N110	G70P1Q2S1600F0.1	
N120	G00X100Z100	
N130	M30	

表 1-10　螺纹套左端加工程序

程序段号	螺纹套（左端）	O0001;
	加工程序	程序说明
N10	T0101	93°外圆刀
N20	G00X100Z100M03S1000	
N30	G00X55Z3	
N40	G71U1R1	
N50	G71P1Q2U0.5F0.3	
N60	N1G00X38	
N70	G01　Z0	
N80	G01X40Z－2	
N90	Z－30	
N100	X28	
N110	X30Z－26	
N120	Z－30	
N130	N2G01X55	
N140	G70P1Q2S1600F0.1	
N150	G00X100Z100	

续表

程序段号	螺纹套（左端）	O0001：
	加工程序	程序说明
程序段号	螺纹套（左端）	O0001：
	加工程序	程序说明
N160	T0202	内孔刀
N170	G00X18Z3	
N180	G71U1R1	
N190	G71P1Q2U－0.5F0.3	
N200	N1G00X20	
N210	G01　Z0	
N220	G01X16Z－2	
N230	G01　Z－25	
N240	N2X20	
N250	G70P1Q2S1600F0.1	
N260	G00X100Z100	
N270	M30	

表 1-11　螺纹套右端加工程序

程序段号	螺纹套（左端）	O0001：
	加工程序	程序说明
N10	T0202	内孔刀
N20	G00X100Z100M03S1000	
N30	G00X18Z3	
N40	G71U1R1	
N50	G71P1Q2U－0.5F0.3	
N60	N1G00X30	
N70	G01　Z－5	
N80	G01X20	
N90	X16Z－7	
N100	Z－25	
N110	N2X18	
N120	G70P1Q2S1600F0.1	
N130	G00X100Z100	
N140	M30	

学习活动2　螺纹轴套配合件的数控车加工

学习目标

1. 能根据螺纹轴套配合件的零件图样，确定符合加工要求的工、量、夹具及辅件。
2. 能按图样要求，测量毛坯尺寸，判断毛坯是否有足够的加工余量。
3. 能正确装夹工件，并对其进行找正。
4. 能正确选择本次任务所需的切削液。
5. 能在螺纹轴套配合件加工过程中，严格按照数控车床操作规程操作机床。
6. 能合理制订螺纹轴套配合件加工工时的预估方法。
7. 螺纹轴套配合件数控车削加工及质量保证方法。
8. 能较好地掌握螺纹轴套配合件相关量具、量仪的使用及保养方法。
9. 能较好地分析螺纹轴套配合件加工误差产生的原因。

建议学时

30学时

学习过程

一、加工准备

1. 领取工具、量具、刃具

填写工具、量具、刃具清单（见表1-12），并领取工具、量具、刃具。

表1-12　工具、量具、刃具清单

序号	名称	规格	数量	备注
1	外径千分尺	0～25mm	1	
2	游标卡尺	0～150mm	1	
3	磁力表座		1	
4	百分表		1	
5	内孔刀		1	
6	切断刀	ZQS2020R-4018K-K	1	
7	93°外圆刀	MWLNR2020K08	1	
8	60°外螺纹刀		1	

续表

序号	名称	规格	数量	备注
9	60°内螺纹刀		1	
10	铜皮、铜棒		自定	
11	毛刷、棉纱		1	
12	套筒扳手、套筒		各 1	
13	刀架扳手		1	
14	卡盘扳手		1	
15	钢直尺	150mm	1	

（1）正确使用量具的步骤与方法。

数控加工使用的量具种类很多。根据其用途和特点可分为两种类型：一是万能量具，如游标尺、千分尺、百分表、万能角度尺等；二是标准量具，如量块、水平仪、塞尺等。不同种类的量具，虽然其测量值（如长度值、角度值）不同，但对其正确使用的要求是基本相同的。

在实际工作中，正确使用量具的步骤如下。

①认识不同的量具。

②详细了解量具的结构特点、刻度原理和示值读法。

③学习测量的动作手法、力度要求以及观察示值时的视线方向等方面的细节问题。例如：游标卡尺读数时应该强调视线与游标卡尺刻度平面保持垂直平视状态，不能左右倾斜。

④在师傅或老师教导下正确使用量具，尝试测量各种规格的工件量具并按要求正确读数；师傅或教师则作巡回指导，及时纠正操作者的错误操作。

⑤指导和督促操作者做好量具清理和摆放工作。

⑥明确量具维护保养的重要性，定期进行量具维护保养培训，如游标卡尺、宽度直角尺、刀口尺的使用与保养。

（2）在实际工作中，因不正确使用量具导致量具损坏的原因如下。

①游标卡尺用于内外量爪画线，硬卡硬拉；宽度直角尺、千分尺、刀口尺用于敲击硬物，直接影响测量精度、角度。

②量具随意摆放。量具与其他工具叠放在一起，使用后乱放于台面上，往往容易导致量具的磨损与摔坏。

③游标卡尺没有在使用后及时清理上油，铁粉堆积而导致尺身生锈，使尺身与游标受卡而不能移动。

（3）量具类型及维护保养的方法。

量具维护保养方法可以根据各种量具的不同规格类型进行分类处理。量具类型一般可分为：

①活动量具。例如游标卡尺、千分尺、万能量角器百分表等。

②固定量具。例如宽度直角尺、刀口尺、塞尺、量块等。对于游标卡尺、千分尺等

滑动旋转的量具，指导老师要在实训中作出正确保养的示范操作及详细讲解维护保养的方法。例如使用量具后，要用油扫将槽和导轨清理并用布抹净，不能有任何铁粉或脏物。抹干净后要在零件相关部位加上少量的量具专用油，使量具保持整洁以延长使用寿命。

（4）正确的量具维护方法。

①在机床上测量零件时，要等零件完全停稳后进行，否则不但使量具的测量面过早磨损而失去精度，且会造成事故。

②测量前应把量具的测量面和零件的被测量表面都要揩干净，以免因有脏物存在而影响测量精度。用精密量具如游标卡尺、百分尺和百分表等，去测量毛坯件或带有研磨剂（如金刚砂等）的表面是错误的，这样易使测量面很快磨损而失去精度。

③量具在使用过程中，不要和工具、刀具如锉刀、手锤和钻头等堆放在一起，以免碰伤量具。也不要随便放在机床上，以免因机床振动而使量具掉下来损坏。尤其是游标卡尺等，应平放在专用盒子里。

④量具是测量工具，绝对不能作为其他工具的代用品。例如，拿游标卡尺画线，拿百分尺当小手锤，拿钢直尺当起子旋螺钉，以及用钢直尺清理切屑等都是错误的。把量具当玩具，如把百分尺等拿在手中任意挥动或摇转等也是错误的，都是易使量具失去精度的。

⑤温度对测量结果影响很大，零件的精密测量一定要使零件和量具都在 20℃ 的情况下进行测量。一般测量可在室温下进行，但必须使工件与量具的温度一致，否则，金属材料的热胀冷缩的特性，使测量结果不准确。温度对量具精度的影响亦很大，量具不应放在阳光下或床头箱上，因为量具温度升高后，也测量不出正确尺寸。更不要把精密量具放在热源（如电炉、热交换器等）附近，以免使量具受热变形而失去精度。

⑥不要把精密量具放在磁场附近，如磨床的磁性工作台上，以免使量具感磁。

⑦发现精密量具有不正常现象时，如量具表面不平、有毛刺、有锈斑以及刻度不准、尺身弯曲变形、活动不灵活等，使用者不应当自行拆修，更不允许自行用手锤敲、锉刀锉、砂布打光等粗糙办法修理，以免反而增大量具误差。发现上述情况，应当主动送给实习指导教师检修，并经检定量具精度后再继续使用。

⑧量具使用后，应及时揩干净，除不锈钢量具或有保护镀层者外，金属表面应涂上一层防锈油，放在专用的盒子里，保存在干燥的地方，以免生锈。

⑨精密量具应定期检定和保养，以免因量具的示值误差超差而造成工件测量不准。

（5）培养学生正确使用和爱护量具的良好习惯。

①学生实习培训期间，要对相关量具的使用与维护保养规程进行经常性学习，做到对工量具正确使用和爱护，以及操作中工量具摆放符合整齐、清洁、规范、安全四项要求。

②工量具的正确使用和维护是实习教学过程中的重要环节，因此在实习中必须培养学生重视工量具使用和维护的工作态度。

在实训中要达到使学生重视量具保养的目的，其中一个重要的方法就是要学生主动参与。一般来说，学生有两种不同形式的维护保养态度，一种是主动维护保养，另一种则是被迫督促保养。当所布置的作业需要达到一定的精度要求时，学生就会主动关心量具的精度是否合格准确。在实际操作中，学生普遍比较重视尺寸的精度，相对地就能比较自觉地对量具进行爱护保养。对维护保养工作不主动或不习惯保养的，需要采取强制维护保养措施。同时，为加深学生对量具维护保养作用的理解和丰富课堂形式，可以组织学生参加课堂讨论，把其分为积极维护与消极维护两组，同时对工件进行测量评比，及对所造工件精度是否准确进行辩论。教师则在课堂上点评结果：不重视保养的一组测量准确度有较大误差，而且测量速度较慢；而另一组测量的结果则能做到快而准。通过课堂上辩论和动手实践，树立学生爱护量具的美德，使学生在实训中能自觉注意保持工量具整齐摆放、清洁，下课后及时维护保养并持之以恒，让学生习惯成自然。

随着社会科学技术飞跃发展，对机械行业精密形、数控形的要求越来越高，对精密测量技术的要求也随之提高，因此对精密测量量具的正确使用和维护保养就显得更加重要。加强对学生量具的正确使用和维护保养的教育具有重大的意义。

2. 领取毛坯料

填写领料单，领取毛坯料，并测量毛坯外形尺寸，判断毛坯是否有足够的加工余量。

3. 选择切削液

根据加工对象及所用刀具，选择本次加工所用切削液。

切削液的品种繁多，作用也各不相同，但主要分为切削油和水基切削液两大类。

(1) 切削油。

切削油也叫油基切削液，它主要用于低速重切削加工和难加工材料的切削加工。目前使用的切削油有以下几种。

①矿物油。

常用作为切削油的矿物油有全损耗系统用油、轻柴油和煤油等。它们具有良好的润滑性和一定的防锈性，但生物降解性能差。

②动植物油。

常用的动植物油有猪油、蓖麻油、棉子油、菜籽油和豆油等，它们具有优良的润滑性和生物降解性能，但使用中易氧化变质。

③普通复合切削油。

普通复合切削油由矿物油加入油性剂等调配而成，润滑性能比矿物油好。

④极压切削油。

极压切削油由矿物油加入含硫、磷、氯等极压抗磨添加剂、防锈剂和油性剂等调配而成，具有多种优异性能。

(2) 切削液。

油型仍可分为普通型切削油（也称复合油）、非活性极压切削油、活性极压切削油三种。水型可分为乳化油（可溶油、乳化液）、半合成液（微乳液）、合成液（化学型切削液或无油切削液）三种。

普通型切削油的主要成分是矿物油，为改善其性能往往加有防锈、抗氧等添加剂并与各类动植物油复合使用。脂肪的复合量一般为5%～20%。有时也可用合成脂取代部分脂肪。极压切削油是在普通型油中加入一定量的含S、P、Cl等元素的极压剂所得的切削油。非活性极压切削油是未加含S等极压剂的切削油。

乳化油是由切削油及乳化剂、偶合剂、杀菌剂等所组成的。乳化油在使用时需加水稀释。稀释后的工作液呈乳白色（称为乳化液）。加水前的乳化油称为油基（也可称可溶油）。

半合成液与乳化油的区别是其油基中含有较多的乳化（表面活性剂）、防锈等添加剂，较少或甚至完全没有矿物油，同时还加有相当数量的水和水溶性添加剂。油基经水稀释成工作液呈透明或半透明状（这是因其油相的液滴较小所致）。有些半合成的工作液在使用过程中逐渐由透明状变为不透明的白色乳化状（这是因为其中的乳化剂被吸附在切屑上逐渐被带走，乳状液的颗粒也由小变大所致）。

合成液主要由水及水溶性添加剂组成。

二、零件加工

1）按照数控车床操作安全规程检查各项均符合要求后，送电开机。

2）正确装夹工件，并对其进行找正。

3）正确装夹刀具，确保刀具牢固可靠，并设定主轴手动转速。

4）按刀具加工次序完成对刀。

5）程序输入与校验。

6）输入并调试螺纹轴套配合件数控车加工程序。

7）记录程序输入时产生的报警号，并说明产生报警的原因及解决办法（见表 1-13）。

表 1-13 程序输入时报警记录表

报警号	报警内容	报警原因	解决办法

8）自动加工。

（1）为了保证零件加工精度，在粗加工后检测零件各部分的尺寸，记录并确定补偿值（见表 1-14）。

表 1-14 零件检测记录表

序号	直径测量数据	补偿数据（X 轴磨耗）	长度测量数据	补偿数据（Z 轴磨耗）

（2）加工中注意观察刀具切削情况，记录加工中不合理的因素（见表 1-15），以便于纠正，提高工作效率（例如，切削用量、加工路径是否合理，刀具是否有干涉）。

表 1-15　螺纹轴套配合件加工中遇到的问题

问题	产生原因	预防措施或改进办法

（3）案例分析：在加工完螺纹轴套配合件右端轮廓后，发现表面粗糙度不好，试说明原因并提出解决方法。

（4）案例分析：在加工完螺纹轴套配合件右端轮廓后，发现端面中心处有小凸台，试分析产生的原因并提出解决方法。

三、保养机床、清理场地

加工完毕后，按照图样要求进行自检，正确放置零件，并进行产品交接确认；按照国家环保相关规定和车间要求整理现场，清扫切屑，保养机床，并正确处置废油液等废弃物；按车间规定填写交接班记录和设备日常保养记录卡见（表 1-16）。

表 1-16　设备日常保养记录卡

设备名称：　　设备编号：　　使用部门：　　保养年月：　　存档编码：

保养内容 \ 日期	1	2	3	4	5	6	7	8	9	10	11	12	13	14	15	16	17	18	19	20	21	22	23	24	25	26	27	28	29	30	31
环境卫生																															
机身整洁																															
加油润滑																															
工具整齐																															
电气损坏																															
机械损坏																															
保养人																															
机械异常备注																															

审核人：　　　　　　　　　　　　　　年　月　日

注：保养后，用“√”表示日保；“△”表示月保；“Y”表示一级保养；“X”表示有损坏或异常现象，应在“机械异常备注”栏给予记录。

学习活动3　螺纹轴套配合件的检验与质量分析

学习目标

1. 能够根据螺纹轴套配合件实物，合理选择检验工具和量具，确定检测方法。
2. 能正确规范地使用工具、量具对螺纹轴套配合件进行检验，并对工具、量具进行合理保养和维护。
3. 能够根据螺纹轴套配合件的测量结果，分析误差产生的原因，并提出修改意见。
4. 能按检验室管理要求，正确放置检验用工具、量具。

建议学时

10学时

学习过程

一、明确测量要素，领取检测用工具、量具

常用检测用工量具如图1-28所示。

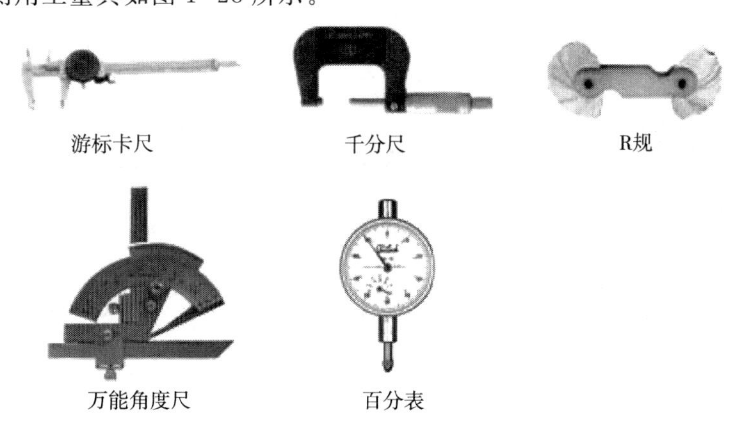

图1-28　常用检测用工量具

1）螺纹轴套配合件上有哪些要素需要测量？

2）根据螺纹轴套配合件需要测量的要素，写出检测螺纹轴套配合件所需的工具、量具，并填入表1-17中。

表 1-17　检测螺纹轴套配合件所需的工具、量具

序号	名称	规格（精度）	检测内容	备注
1	千分尺	0～25mm	直径尺寸	
2	游标卡尺	0～150mm	长度尺寸	
3	螺纹环规		螺纹尺寸	
4	三坐标测量仪		直径、长度、圆弧尺寸	
5	三针测量法		螺纹尺寸	
6	锥度塞尺		锥度尺寸	
7	万能角度尺		锥度尺寸	

3）形位误差的测量方法。

（1）形位误差的定义。

形状和位置误差简称形位误差。形状误差是指实际形状对理想形状的变动量。这个变动量就是实际得到的误差值。它是用来表示零件表面的一条线或一个面，加工后本身所产生的误差，是实际测得值。测量时理想形状相对于实际形状的位置，应按最小条件来确定。

位置误差是实际位置对理想位置的变动量，它是用来表示零件上的两个或两个以上的线面加工后本身所产生的误差，是实际测得值。测量时，理想位置是相对于基准的理想形状位置面确定的，基准的理想位置应符合最小条件。

（2）形位误差的测量方法。

①轴径。

在单件小批生产中，中低精度轴径的实际尺寸通常用卡尺、千分尺、专用量表等普通计量器具进行检测；在大批量生产中，多用光滑极限量规判断轴的实际尺寸和形状误差是否合格；高精度的轴径常用机械式测微仪、电动式测微仪或光学仪器进行比较测量，用立式光学计测量轴径是最常用的测量方法。

②长度、厚度。

长度尺寸一般用卡尺、千分尺、专用量表、测长仪、比测仪、高度仪、气动量仪等；厚度尺寸一般用塞尺、间隙片结合卡尺、千分尺、高度尺、量规；壁厚尺寸可使用超声波测厚仪或壁厚千分尺来检测管类、薄壁件等的厚度，用膜厚计、涂层测厚计检测刀片或其他零件涂镀层的厚度；用偏心检查器检测偏心距值，用半径规检测圆弧角半径值，用螺距规检测螺距尺寸值，用孔距卡尺测量孔距尺寸。

③表面粗糙度。

借助放大镜、比较显微镜等用表面粗糙度比较样块直接进行比较；用光切显微镜（又称为双管显微镜）测量用车、铣、刨等加工方法完成的金属平面或外圆表面；用干涉显微镜（如双光束干涉显微镜、多光束干涉显微镜）测量表面粗糙度要求高的表面；

用电动轮廓仪可直接显示 Ra0.025～6.3μm 的值；用某些塑性材料做成块状印模贴在大型笨重零件和难以用仪器直接测量或样板比较的表面（如深孔、盲孔、凹槽、内螺纹等）零件表面上，将零件表面轮廓印制在印模上，然后对印模进行测量，得出粗糙度参数值（测得印模的表面粗糙度参数值比零件实际参数值要小，因此粗糙度测量结果需要凭经验进行修正）；用激光测微仪激光结合图谱法和激光光能法测量 Ra0.01～0.32μm 的表面粗糙度。

④角度。

(a) 相对测量：用角度量块直接检测精度高的工件；用直角尺检验直角；用多面棱体测量分度盘精密齿轮、涡轮等的分度误差。

(b) 直接测量：用角度仪、电子角度规测量角度量块、多面棱体、棱镜等具有反射面的工作角度；用光学分度头测量工件的圆周分度或用样板、角尺、万能角度尺直接测量精度要求不高的角度零件。

(c) 间接测量：常用的测量器具有正弦规、滚柱和钢球等，也可使用三坐标测量机。

(d) 小角度测量：测量器具有水平仪、自准直仪、激光小角度测量仪等。

⑤倾斜度。

一般先将被测要素通过标准角度块、正弦尺、倾斜台等转换成与测量基准平行状态，然后再用测量平行度的方法测量倾斜度误差。倾斜度误差测量方法类同小角度测量方法。

4) 案例分析：在检测螺纹轴套配合件零件尺寸过程中，用到了几种检测方法?

二、检测零件，填写螺纹轴套配合件质量检验单

1) 根据图样要求，自检螺纹轴套配合件零件，并完成零件质量检验单（见表1-18）。

表 1-18　螺纹轴套配合件质量检验单

项目	序号	内容	检测结果	结论
外圆	1	ϕ30mm		
	2	ϕ40mm		
长度	3	25mm		
	4	30mm		
	5	40mm		
外沟槽	6	4mm×2mm		
倒角	7	C1mm（五处）		
	8	C2mm（三处）		

续表

项目	序号	内容	检测结果	结论
外螺纹	9	M20×2		
内螺纹	10	M20×2		
表面质量	11	$Ra3.2\mu m$		
螺纹轴套配合件检测结论				
产生不合格品的情况分析				

2）案例分析：利用圆弧样板检测螺纹轴套配合件零件圆弧尺寸 $R6mm$，发现接触面积偏小，试分析接触面积不合格的原因，并提出纠正方法。

三、提出工艺方案修改意见

对不合格项目进行分析，小组讨论提出修改意见（见表 1-19）。

表 1-19　不合格项分析表

不合格项	产生原因	修改意见
尺寸不对		
圆弧曲线误差		
表面粗糙度达不到要求		

学习活动 4　工作总结与评价

学习目标

1. 能够根据螺纹轴套配合件实物，合理选择检验工具和量具，确定检测方法。

2. 能正确规范地使用工具、量具对螺纹轴套配合件进行检验，并对工具、量具进行合理保养和维护。

3. 能够根据螺纹轴套配合件的测量结果，分析误差产生的原因，并提出修改意见。

4. 能按检验室管理要求，正确放置检验用工具、量具。

建议学时

10 学时

学习过程

一、自我评价

工作综合评价如表 1-20 所示。

表 1-20　螺纹轴套配合件加工综合评价表

项目	序号	技术要求	配分	评分标准	检测记录	得分
机床操作（20%）	1	正确开启机床、检测	4	不正确、不合理无分		
	2	机床返回参考点	4	不正确、不合理无分		
	3	程序的输入及修改	4	不正确、不合理无分		
	4	程序空运行轨迹检查	4	不正确、不合理无分		
	5	对刀的方式、方法	4	不正确、不合理无分		
程序与工艺（20%）	6	程序格式规范	4	不合格每处扣 1 分		
	7	程序正确、完整	8	不合格每处扣 2 分		
	8	工艺合理	8	不合格每处扣 2 分		

续表

项目	序号	技术要求	配分	评分标准	检测记录	得分
零件质量（50%）	9	ϕ30mm	5	超差不得分		
	10	ϕ40mm	5	超差不得分		
	11	25mm	5	超差不得分		
	12	30mm	5	超差不得分		
	13	40mm	5	超差不得分		
	14	4mm×2mm	5	超差不得分		
	15	*C*1mm（五处）	5	错、漏不得分		
	16	*C*2mm（三处）	5	错、漏不得分		
	17	M20×2	5	超差不得分		
	18	M20×2	5	超差不得分		
安全文明生产（10%）	19	安全操作	5	不按安全操作规程操作全扣分		
	20	机床清理	5	不合格全扣分		
总配分			100			

二、展示评价（小组评价）

把个人制作好的螺纹轴套配合件进行分组展示，再由小组推荐代表作必要的介绍。在展示过程中，以组为单位进行评价。评价完后，根据其他组成员对本组展示成果的评价意见进行归纳总结，完成如下项目。

（1）展示的螺纹轴套配合件符合技术标准吗？

合格□　不良□　返修□　报废□

（2）本小组介绍成果表达是否清晰？

很好□　一般，常补充□　不清晰□

（3）本小组演示的螺纹轴套配合件检测方法操作正确吗？

正确□　部分正确□　不正确□

（4）本小组演示操作时遵循了“7S”的工作要求吗？

符合工作要求□　忽略了部分要求□　完全没有遵循□

（5）本小组的检测量具、量仪保养完好吗？

很好□　一般□　不合要求□

（6）本小组的成员团队创新精神如何？

很好□　一般□　不足□

三、教师评价

教师对展示的作品分别作评价：

（1）找出各组的优点进行点评。

（2）对展示过程中各组的缺点进行点评，提出改进方法。

（3）对整个任务完成中出现的亮点和不足进行点评。

四、总结提升

（1）根据螺纹轴套配合件加工质量及完成情况，分析螺纹轴套配合件编程与加工中的不合理处及其原因并提出改进意见，填入表1-21中。

表1-21　螺纹轴套配合件加工不合理处及改进意见

序号	工作内容	不合理处	不合理原因	改进意见
1	零件工艺处理与编程			
2	零件数控车加工			
3	零件质量			

（2）试结合自身任务完成情况，通过交流讨论等方式，按规范撰写本次任务的工作总结。

工作总结（心得体会）

评价与分析

表 1-22 学习任务一评价表

班级： 学生姓名： 学号：

项目	自我评价			小组评价			教师评价		
	10～9	8～6	5～1	10～9	8～6	5～1	10～9	8～6	5～1
	占总评 10%			占总评 30%			占总评 60%		
学习活动 1									
学习活动 2									
学习活动 3									
学习活动 4									
表达能力									
协作精神									
纪律观念									
工作态度									
分析能力									
操作规范性									
任务总体表现									
小计									
总评									

任课教师： 年 月 日

学习任务二　三件套锥面配合件的数控车加工

学习目标

1. 能阅读生产任务单，明确工作任务，制订出合理的工作进度计划。
2. 能够根据三件套锥面配合件实物，绘制出三件套锥面配合件的零件图。
3. 掌握三件套锥面配合件基准（装配基准、设计基准等）的确定方法。
4. 掌握三件套锥面配合件工艺尺寸链的确定方法。
5. 能根据三件套锥面配合件零件图样，制订数控车削加工工艺。
6. 能合理制订三件套锥面配合件加工工时的预估方法。
7. 能较好掌握三件套锥面配合件相关量具、量仪的使用及保养方法。
8. 能较好分析三件套锥面配合件加工误差产生的原因。
9. 三件套锥面配合件加工的成本核算。

建议学时

50 学时

学习过程

学习活动 1　三件套锥面配合件的加工工艺分析与编程

在机械行业中，锥面配合件属无间隙配合，它具有同轴度高、定位准确、能传递较大扭矩（$\alpha \leqslant 3°$）、装拆方便等优点，广泛应用于各种机械设备和工刃具中。

在机床和工具中，有许多使用圆锥面配合的场合，如车床主轴锥孔与前顶尖的配合、车床尾座锥孔与麻花钻锥柄的配合等。圆锥面配合的主要特点是：当圆锥角较小（3°以下）时，可以传递很大的转距；同轴度较高，能做到无间隙配合。圆锥既有尺寸精度，又有角度要求，在车削时要同时保证。一般先保证圆锥角度，然后精车控制其尺寸精度。

本次学习任务是三件套锥面配合件的数控加工，重点就是培养学生掌握锥面配合的工艺方法及加工方法。

一、三件套锥面配合件的生产任务

（1）阅读生产任务单（见表 2-1）。

表 2-1　三件套锥面配合件生产任务单

<table>
<tr><td colspan="2">单位名称</td><td colspan="2"></td><td colspan="2">完成时间</td><td>年　月　日</td></tr>
<tr><td>序号</td><td>产品名称</td><td>材料</td><td>生产数量</td><td colspan="3">技术标准、质量要求</td></tr>
<tr><td>1</td><td>三件套锥面配合件</td><td>45 钢</td><td>30 件</td><td colspan="3">按图样要求</td></tr>
<tr><td>2</td><td></td><td></td><td></td><td colspan="3"></td></tr>
<tr><td>3</td><td></td><td></td><td></td><td colspan="3"></td></tr>
<tr><td colspan="2">生产批准时间</td><td>年　月　日</td><td>批准人</td><td></td><td></td><td></td></tr>
<tr><td colspan="2">通知任务时间</td><td>年　月　日</td><td>发单人</td><td></td><td></td><td></td></tr>
<tr><td colspan="2">接单时间</td><td>年　月　日</td><td>接单人</td><td></td><td>生产班组</td><td>数控车工组</td></tr>
</table>

（2）查阅资料，从工艺品的特性考虑，说明实际生活中三件套锥面配合件的用途。

（3）本生产任务工期为 20 天，试依据任务要求，制订合理的工作计划（见表 2-2），并根据小组成员的特点进行分工。

表 2-2　工作计划表

序号	工作内容	时间	成员	责任人
1	零件图绘制			
2	基准的确定			
3	工艺分析			
4	工艺尺寸链的确定			
5	数控车削加工			
6	加工工时的预估方法			
7	质量保证方法			
8	量具、量仪的使用及保养方法			
9	加工误差产生的原因			

二、绘制三件套锥面配合件零件图

根据学习任务一的学习内容，绘制出三件套锥面配件的零件图（实物见图 2-1。

图 2-1　三件套锥面配合件实物

三、根据三件套锥面配合件图样，明确基准定位方法

其零件图样如图 2-2 所示。

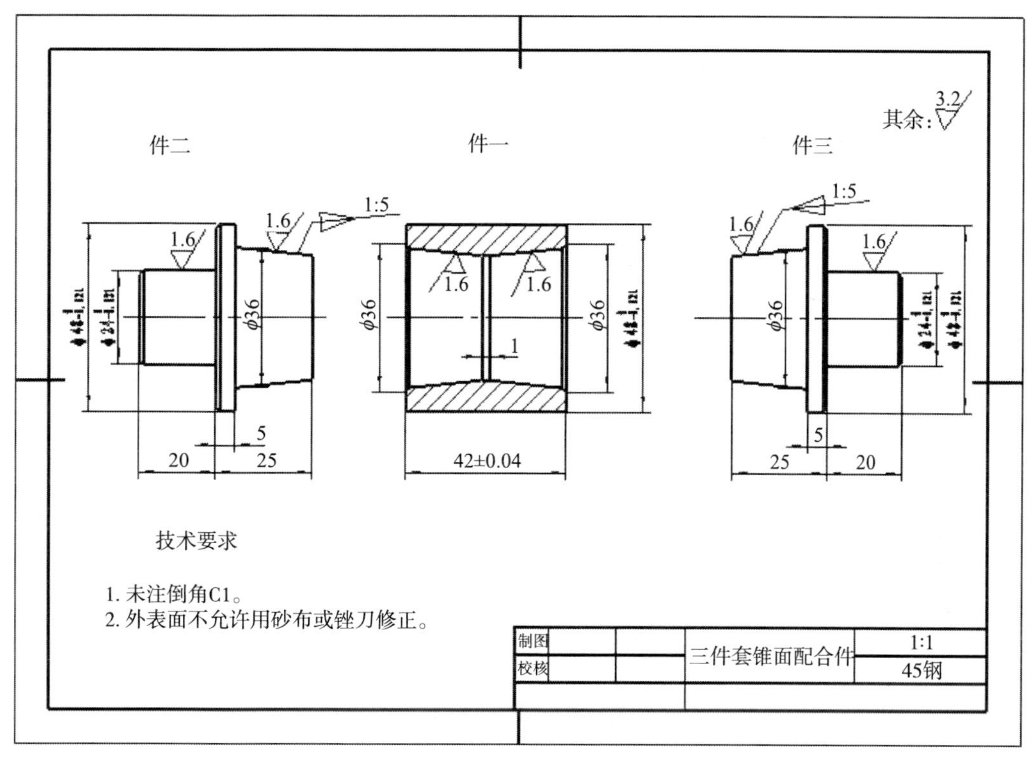

图 2-2　三件套锥面配合件零件图样

根据定位基准选择原则，避免不重合误差，便于编程，以工序的设计基准作为定位基准。分析零件图纸结合相关数控加工方面的知识，使该零件可以通过一次装夹多次走刀能够达到加工要求。零件加工时，先以直径为 20mm 的外圆的轴线作为轴向定位基准，加工零件；然后以零件轴线作为轴向定位基准，以轴台的端面的中心作为该轴剩余工序的轴向定位基准，并且把编程原点选在设计基准上，如图 2-3 所示。

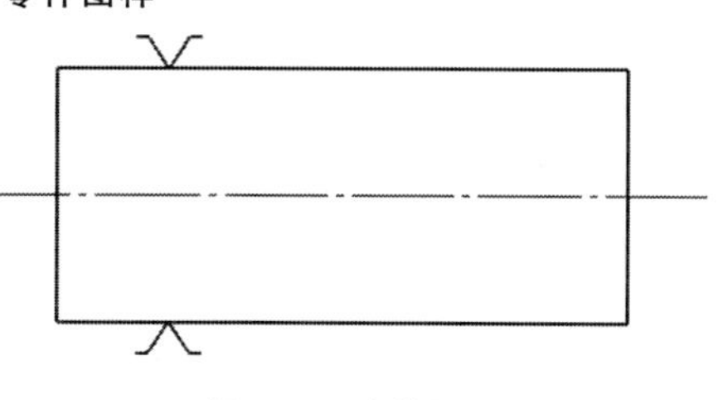

图 2-3　定位图

四、确定三件套锥面配合件图样的工艺尺寸链

工艺尺寸链的内容已在学习任务一里详细介绍过，这里不再叙述。

五、数控车削加工工艺分析

数控技术是用数字信息对机械运动和工作过程进行控制实现自动工作的技术，数控装备是以数控技术为代表的新技术对传统制造产业和新兴制造的渗透形成的机电一体化产品。本学习任务主要是利用数控车床来加工三件套锥面配合件，主要解决的问题是零件的装夹、工艺路线的制订、工序与工步的划分、刀具的选择、切削用量的确定、车削加工程序的编写、机床的熟练操作。主要困难是装夹中的水平 Z 向长度难以保证、切削用量的参数设定、对刀的精度、工艺路线的制订。

六、三件套锥面配合件数控车削加工工艺分析

图 2-4 是三件套锥面配合件零件图，毛坯直径 ϕ50mm×50mm 三块，材料为 45 钢，所用数控车床为 CK6136A，其数控车削加工工艺分析如下。

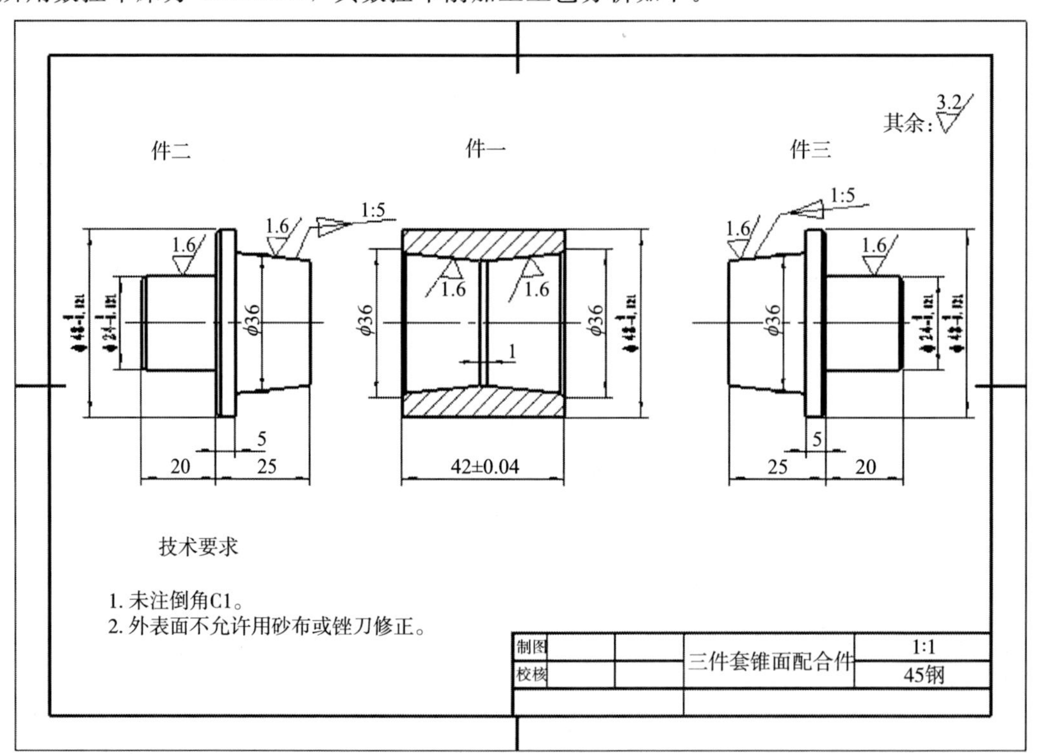

图 2-4　三件套锥面配合件零件图

1. 零件图工艺分析

该零件表面全部由直线组成，是一个典型的锥面配合件。尺寸精度和表面粗糙度都有严格要求，个别表面粗糙度要达到 1.6。无热处理和硬度要求。

1）圆锥配合的特点。

其可自动定心，对中性良好，而且装拆简便，配合间隙或过盈的大小可以自由调整，能利用自锁性来传递扭矩以及良好的密封性等优点。但是，圆锥配合在结构上比较复杂，其加工和检测较困难。

2）圆锥配合的种类。

（1）间隙配合。

这类配合具有间隙，而且在装配和使用过程中间隙大小可以调整。常用于有相对运动的机构中。如某些车床主轴的圆锥轴颈与圆锥滑动轴承衬套的配合。

（2）过盈配合。

这类配合具有过盈，自锁性好，产生较大的摩擦力来传递转矩，折装方便等特点。例如，钻头（或铰刀）的圆锥柄与机床主轴圆锥孔的配合、圆锥形摩擦离合器中的配合等。

（3）过渡配合。

可能具有间隙或过盈的配合称为过渡配合，其中要求内、外圆锥紧密接触，间隙为零或稍有过盈的配合称为紧密配合，它用于对中定心或密封，可以防止漏液漏气。如锥形旋塞、发动机中的气阀与阀座的配合等。为了保证良好的密封性，通常将内、外锥面成对研磨，所以这类配合的零件没有互换性。

3）圆锥的基面距。

相互配合的内、外圆锥基准平面之间的距离，用 Ea 表示，如图 2-5 所示。基面距用来确定内、外圆锥的轴向相对位置。

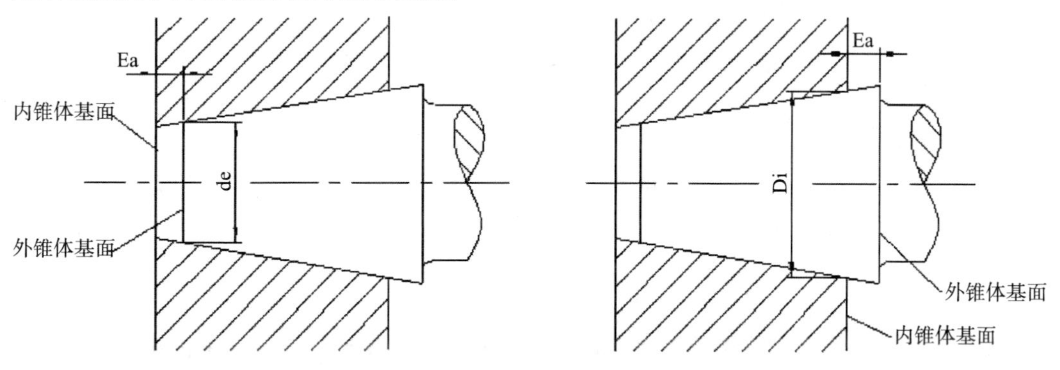

图 2-5　圆锥的基面距示意图

4）圆锥配合的主要技术要求。

（1）相互配合的圆锥面的接触均匀性。因此，必须控制内外圆锥的圆锥角偏差和形状误差。

（2）基面距的变化应控制在允许的范围内。当内、外圆锥长度一定时，基面距太大，会使配合长度减小，影响结合的稳定性和传递转矩；太小的基面距会使间隙配合的圆锥为补偿磨损的轴向调节范围缩小。其影响基面距的主要因素是内外圆锥的直径偏差和圆锥素线角偏差。

圆锥几何参数都必须规定公差，以限制其误差对其配合性能的影响，从而满足配合的需要。

5）圆锥配合的形成。

主要有结构型和位移型两种，如图 2-6 所示。

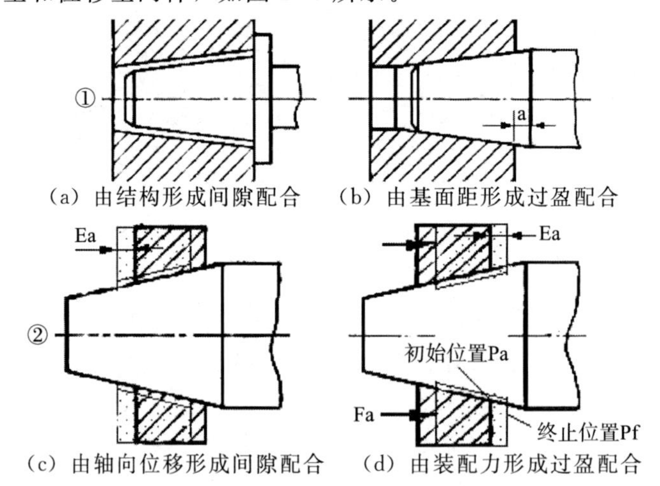

图 2-6　圆锥配合的形成示意图

通过上述分析，采取以下几点工艺措施。

①先粗车掉大部分余量。在粗车时不要产生“过切”现象，粗车的同时为精加工留一定的余量。粗车最后一刀时按照轮廓轨迹走一刀，为精加工留下均匀的余量。

②精车到图纸尺寸。精车时，采用一次性走刀将零件轮廓加工完整。为保证工件轮廓表面加工后的粗糙度要求，精加工时，最终轮廓应安排在最后一次走刀连续加工出来。刀具的进退刀路线要认真考虑，以尽量减少在轮廓处停刀，以避免切削力（大小、方向）突然变化造成弹性变形而留下刀痕。一般应沿着零件表面的切向切入和切出，尽量避免沿工件轮廓面垂直方向进、退刀而划伤工件。

③为便于装夹，毛坯左端应预先车出夹持部分，右端面也应先粗车，以充分保证同轴度。

④进行切断。切断刀在对刀时，最好使用右刀尖对刀比较容易保证尺寸。

2. 确定装夹方案

由于给出的材料长度为 50mm，比较长，所以不需要采用一夹一顶的方式加工，只需要用三爪自定心卡盘夹持毛坯材料的一端即可。所以，本零件选用三爪自定心卡盘作为夹具，其装夹如图 2-7 所示。

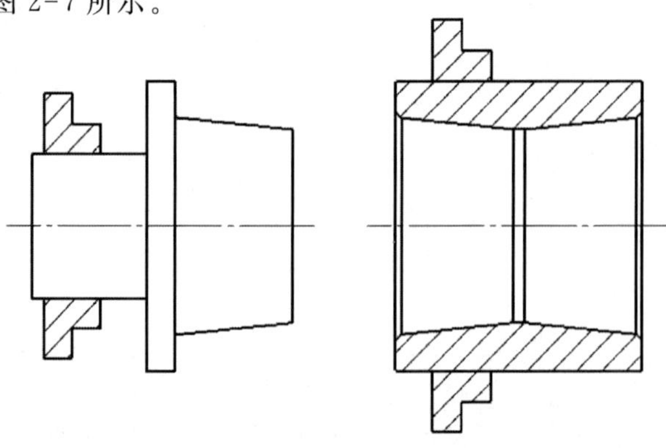

图 2-7　装夹图

3. 确定加工顺序及进给路线

加工顺序按由粗到精、由近到远（由右到左）原则确定。即先从右到左进行粗车（留 0.5mm 精车余量），然后从右到左进行精车，最后进行切断。

进给路线是刀具在整个加工工序中的运动轨迹，即刀具从对刀点（或机床固定点）开始进给运动起，直到结束加工程序后退刀返回该点及所经过的路线，包括切削加工的路径及刀具切入、切出等非切削空行程。加工路线是编写程序的重要依据之一。

下面为常用的进给路线选择方法：

①最短的空行程路线；

②最短的切削进给路线。

在粗加工时，毛坯余量较大，采用不同的循环加工方式，如轴向进刀、径向进刀或固定轮廓形状进给等，将获得不同的切削进给路线。在安排粗加工或半精加工的切削进给路线时，应在兼顾被加工零件的刚性及加工工艺性等要求下，采取最短的切削进给路线，减少空行程时间，可有效提高生产效率，降低刀具磨损。

CK6136A 型数控车床具有粗车循环功能，只要正确使用编程指令，机床数控系统就会自行确定其进给路线，因此该零件的粗车循环不需要人为确定其进给路线。但精车的进给路线需要人为确定，该零件从右到左沿零件表面轮廓进给，如图 2-8 所示。

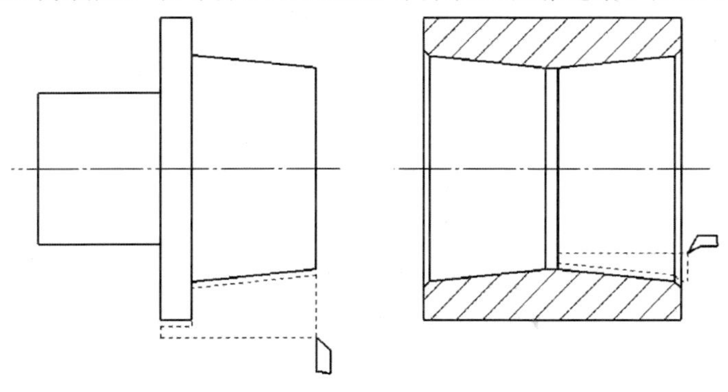

图 2-8　三件套锥面配合件精车轮廓进给路线

4. 数控车削刀具的选择

在数控车床加工中，产品质量和劳动生产率在相当大的程度上都受到刀具上的制约，虽然其车刀的切削原理与普通车床基本相同。但由于数控车床加工的特性，在刀具的选择上，特别是切削部分的几何参数、刀具的形状上尚需进行特别的处理，才能满足数控车床的加工要求，充分发挥数控车床的效益。

本零件加工所选刀具如下：

①粗车外圆时选 93°外圆刀，粗车内孔时选内孔刀；

②为减少刀具数量和换刀次数，加工外圆和内孔的粗、精车选同一把刀；

③切断选刀宽为 4mm 的机卡切断刀进行切断。

将所定的刀具参数填入表 2-3 数控加工刀具卡片中，以便于编程和操作管理。

表 2-3　数控加工刀具卡片

<table>
<tr><td>产品名称
或代号</td><td colspan="2">配合件数
控加工</td><td>零件名称</td><td colspan="2">三件套锥面配合件</td><td>零件图号</td><td>MDJJSXY－02</td></tr>
<tr><td>刀具号</td><td colspan="2">刀具名称</td><td>数量</td><td colspan="2">加工内容</td><td>刀尖半径/
mm</td><td>刀具规格/
mm×mm</td></tr>
<tr><td>T01</td><td colspan="2">93°外圆刀</td><td>1</td><td colspan="2">粗、精车轮廓</td><td>0.8</td><td>20×20</td></tr>
<tr><td>T02</td><td colspan="2">内孔刀</td><td>1</td><td colspan="2">粗、精车轮廓</td><td>0.4</td><td>20×20</td></tr>
<tr><td>T03</td><td colspan="2">切断刀</td><td>1</td><td colspan="2">切断</td><td></td><td>20×20</td></tr>
<tr><td>编制</td><td></td><td>审核</td><td></td><td>批准</td><td></td><td>第　页</td><td>共　页</td></tr>
</table>

5. **切削用量的选择**

（1）本次零件加工粗车循环时 $a_p=1$mm，精车 $a_p=0.25$mm。

（2）本次零件加工粗车 $n=1000$r/min，精车 $n=1600$r/min。

（3）本次零件加工粗车、精车进给量 f 分别为 0.3mm/r 和 0.1mm/r，进给速度分别为 200mm/min 和 100mm/min。

将前面分析的各项内容综合成如表 2-4 所示的数控加工工艺卡片。

表 2-4　三件套锥面配合件数控加工工艺卡

<table>
<tr><td rowspan="2">单位名称</td><td rowspan="2">牡丹江技师
学院</td><td colspan="2">产品名称</td><td colspan="3">配合件数控加工</td><td>图号</td><td>MDJJSXY－02</td></tr>
<tr><td colspan="2">零件名称</td><td colspan="2">三件套锥面配
合件</td><td>数量</td><td>30</td><td>第　页</td></tr>
<tr><td>材料种类</td><td>碳钢</td><td>材料牌号</td><td>45 钢</td><td colspan="2">毛坯尺寸</td><td colspan="2">φ50mm×50mm</td><td>共　页</td></tr>
<tr><td rowspan="2">工序号</td><td rowspan="2">工序内容</td><td rowspan="2">车间</td><td rowspan="2">设备</td><td colspan="3">工具</td><td rowspan="2">计划工时</td><td rowspan="2">实际工时</td></tr>
<tr><td>夹具</td><td>量具</td><td>刀具</td></tr>
<tr><td>1</td><td>粗车外轮廓</td><td>数控车间</td><td>CK6136A</td><td>三爪自
定心卡盘</td><td>千分尺
游标卡尺</td><td>93°外圆刀</td><td></td><td></td></tr>
<tr><td>2</td><td>精车外轮廓</td><td>数控车间</td><td>CK6136A</td><td>三爪自
定心卡盘</td><td>千分尺
游标卡尺</td><td>93°外圆刀</td><td></td><td></td></tr>
<tr><td>3</td><td>粗车内轮廓</td><td>数控车间</td><td>CK6136A</td><td>三爪自
定心卡盘</td><td>千分尺
游标卡尺</td><td>内孔刀</td><td></td><td></td></tr>
<tr><td>4</td><td>精车内轮廓</td><td>数控车间</td><td>CK6136A</td><td>三爪自
定心卡盘</td><td>千分尺
游标卡尺</td><td>内孔刀</td><td></td><td></td></tr>
<tr><td>5</td><td>切断</td><td>数控车间</td><td>CK6136A</td><td>三爪自
定心卡盘</td><td>千分尺
游标卡尺</td><td>切断刀</td><td></td><td></td></tr>
<tr><td>更改号</td><td></td><td colspan="2">拟定</td><td colspan="2">校正</td><td colspan="2">审核</td><td>批准</td></tr>
<tr><td>更改者</td><td></td><td colspan="2"></td><td colspan="2"></td><td colspan="2"></td><td></td></tr>
<tr><td>日期</td><td></td><td colspan="2"></td><td colspan="2"></td><td colspan="2"></td><td></td></tr>
</table>

七、加工工时的预估方法

此方法已在前面介绍过，这里不再叙述。

八、编制程序

（1）根据零件图样确定编程原点并在图中标出，如图 2-9 所示。

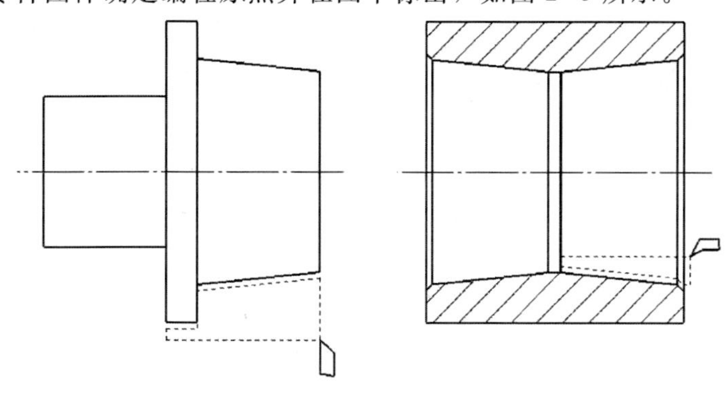

图 2-9　三件套锥面配合件的编程原点

（2）数控编程的种类。

数控编程有三种方法，即手工编程、自动编程和计算机辅助编程，采用哪种编程方法应视零件的难易程度而定。

（3）本次学习任务所用数控指令介绍。

根据零件图样及加工工艺，结合所学数控系统知识，归纳出三件套锥面配合件加工用到的编程指令（包括 G 代码指令和辅助指令，见表 2-5）。

表 2-5　三件套锥面配合件加工用到的编程指令

序号	选择的指令	指令格式
1	G00	G00X＿Z＿
2	G01	G01　X＿Z＿F＿
3	G71	G71　U（Δd）　R（e） G71　P（ns）　Q（nf）　U（Δu）　W（Δw）　F××
4	G70	G70　P（ns）　Q（nf）
5	M 功能	M××
6	T 功能	T××××
7	S 功能	S××××
8	F 功能	F××××
9		
10		
11		
12		

（4）为了保证零件的加工精度，在加工过程中应多次进行测量，试考虑在程序中如何实现这一环节？

（5）根据零件加工步骤及工艺分析，完成三件套锥面配合件数控加工程序的编制（见表 2-6～表 2-8）。

表 2-6　三件套锥面配合件件一加工程序

程序段号	三件套锥面配合件（件一）	O0001：
	加工程序（左右端程序一样）	程序说明
N10	T0101	93°外圆刀
N20	G00X100Z100M03S1000	
N30	G00X52Z3	
N40	G71U1R1	
N50	G71P1Q2U0.5F0.3	
N60	N1G00X48	
N70	G01　Z－25	
N80	N2X52	
N90	G70P1Q2S1600F0.1	
N100	G00X100Z100	
N110	T0202	内孔刀
N120	G00X18Z3	
N130	G71U0.8R1	
N140	G71P3Q4U－0.5F0.3	
N150	N3G00X36	
N160	G01Z0	
N170	G01X34Z－1	
N180	X32Z－20	
N190	N4G00X18	
N200	G70P3Q4S1600F0.1	
N210	G00X100Z100	
N220	N3G00X16.5	
N230	G03X10.5Z－25.495R11.325	
N240	N4G01X30	
N250	G70P3Q4S1600F0.1	
N260	G00X100Z100	
N270	M30	

表 2-7　锥面配合件件二、件三左端加工程序

程序段号	三件套锥面配合件（件二、件三左端）	O0001：
	加工程序	程序说明
N10	T0101	93°外圆刀
N20	G00X100Z100M03S1000	
N30	G00X52Z3	
N40	G71U1R1	
N50	G71P1Q2U0.5F0.3	
N60	N1G00X22	
N70	G01　Z0	
N80	G01X24Z－1	
N90	Z－20	
N100	X46	
N110	X48Z－21	
N120	Z－30	
N130	N2X52	
N140	G70P1Q2S1600F0.1	
N150	G00X100Z100	
N160	M30	

表 2-8　三件套锥面配合件件二、件三右端加工程序

程序段号	三件套锥面配合件（件二、件三右端）	O0001
	加工程序	程序说明
N10	T0101	93°外圆刀
N20	G00X100Z100M03S1000	
N30	G00X52Z3	
N40	G71U1R1	
N50	G71P1Q2U0.5F0.3	
N60	N1G00X32	
N70	G01　Z0	
N80	G01X36Z－20	
N90	Z－20	
N100	N2X52	
N110	G70P1Q2S1600F0.1	
N120	G00X100Z100	
N130	M30	

学习活动 2　三件套锥面配合件的数控车加工

学习目标

1. 能根据三件套锥面配合件的零件图样，确定符合加工要求的工具、量具、夹具及辅件。

2. 能按图样要求，测量毛坯尺寸，判断毛坯是否有足够的加工余量。

3. 能正确装夹工件，并对其进行找正。

4. 能正确选择本次任务所需的切削液。

5. 能在三件套锥面配合件加工过程中，严格按照数控车床操作规程操作机床。

6. 能合理制订三件套锥面配合件加工工时的预估方法。

7. 三件套锥面配合件数控车削加工及质量保证方法。

8. 能较好掌握三件套锥面配合件相关量具、量仪的使用及保养方法。

9. 能较好分析三件套锥面配合件的成本核算。

建议学时

30 学时

学习过程

一、加工准备

1. 领取工具、量具、刃具

填写工具、量具、刃具清单（见表 2-9），并领取工具、量具、刃具。

表 2-9　工具、量具、刃具清单

序号	名称	规格	数量	备注
1	外径千分尺	0～25mm	1	
2	游标卡尺	0～150mm	1	
3	磁力表座		1	
4	百分表		1	
5	内孔刀		1	
6	切断刀	ZQS2020R-4018K-K	1	
7	93°外圆刀	MWLNR2020K08	1	
8	铜皮、铜棒		自定	

续表

序号	名称	规格	数量	备注
9	毛刷、棉纱		1	
10	套筒扳手、套筒		各1	
11	刀架扳手		1	
12	卡盘扳手		1	
13	钢直尺	150mm	1	

2. 领取毛坯料

填写领料单，领取毛坯料，并测量毛坯外形尺寸，判断毛坯是否有足够的加工余量。

二、零件加工

1）记录程序输入时产生的报警号，并说明产生报警的原因及解决办法（见表2-10）。

表2-10　程序输入时产生的报警

报警号	报警内容	报警原因	解决办法

2）自动加工。

（1）为了保证零件加工精度，在粗加工后检测零件各部分的尺寸，记录并确定补偿值（见表2-11）。

表2-11　零件检测记录表

序号	直径测量数据	补偿数据（X轴磨耗）	长度测量数据	补偿数据（Z轴磨耗）

（2）加工中注意观察刀具切削情况，记录加工中不合理的因素（例如，切削用量、加工路径是否合理，刀具是否有干涉），以便于纠正，提高工作效率（见表2-12）。

表2-12　三件套锥面配合件加工中遇到的问题

问题	产生原因	预防措施或改进办法

(3) 案例分析：在加工完三件套锥面配合件右端轮廓后，发现端面中心处没有加工到，试说明原因并提出解决方法。

(4) 案例分析：在加工完三件套锥面配合件右端轮廓后，发现圆弧连接处没有圆滑过渡，试分析产生的原因并提出解决方法。

三、保养机床、清理场地

加工完毕后，按照图样要求进行自检，正确放置零件，并进行产品交接确认；按照国家环保相关规定和车间要求整理现场，清扫切屑，保养机床，并正确处置废油液等废弃物；按车间规定填写交接班记录和设备日常保养记录卡（见表 2-13）。

表 2-13　设备日常保养记录卡

设备名称：　　　设备编号：　　　使用部门：　　　保养年月：　　　存档编码：

保养内容＼日期	1	2	3	4	5	6	7	8	9	10	11	12	13	14	15	16	17	18	19	20	21	22	23	24	25	26	27	28	29	30	31
环境卫生																															
机身整洁																															
加油润滑																															
工具整齐																															
电气损坏																															
机械损坏																															
保养人																															
机械异常备注																															

审核人：　　　　　　　　　　　　　　　　　　　　　　年　月　日

注：保养后，用“√”表示日保；“△”表示月保；“Y”表示一级保养；“X”表示有损坏或异常现象，应在“机械异常备注”栏给予记录。

学习活动3　三件套锥面配合件的检验与质量分析

学习目标

1. 能够根据三件套锥面配合件实物，合理选择检验工具和量具，确定检测方法。
2. 能正确规范地使用工具、量具对三件套锥面配合件进行检验，并对工具、量具进行合理保养和维护。
3. 能够根据三件套锥面配合件的测量结果，分析误差产生的原因，并提出修改意见。
4. 能按检验室管理要求，正确放置检验用工具、量具。

建议学时

10学时

学习过程

一、明确测量要素，领取检测用工具、量具

（1）三件套锥面配合件上有哪些要素需要测量？

（2）根据三件套锥面配合件需要测量的要素，写出检测三件套锥面配合件所需的工具、量具，并填入表2-14中。

表2-14　检测三件套锥面配合件所需的工具、量具

序号	名称	规格（精度）	检测内容	备注
1	千分尺	0～25mm	直径尺寸	
2	游标卡尺	0～150mm	长度尺寸	
3	测量圆弧直读式游标卡尺		圆弧尺寸	
4	三坐标测量仪		直径、长度、圆弧尺寸	
5	圆弧样板（R规）		圆弧尺寸	
6	锥度塞尺		锥度尺寸	
7	万能角度尺		锥度尺寸	

（3）案例分析：在检测三件套锥面配合件零件尺寸过程中，用到了几种检测方法？

二、检测零件，填写三件套锥面配合件质量检验单

（1）根据图样要求，自检三件套锥面配合件零件，并完成零件质量检验单（见表2-15）。

表 2-15　三件套锥面配合件质量检验单

项目	序号	内容	检测结果	结论
长度	1	5mm		
	2	20mm		
	3	42mm		
外圆	4	ϕ24mm		
	5	ϕ48mm		
锥度	6	锥度尺寸 1∶5		
倒角	7	C1 倒角（五处）		
表面质量	8	$Ra3.2\mu m$		
三件套锥面配合件检测结论				
产生不合格品的情况分析				

（2）案例分析：利用圆弧样板检测三件套锥面配合件零件圆弧尺寸 $R6mm$，发现接触面积偏小，试分析接触面积不合格的原因，并提出纠正方法。

三、提出工艺方案修改意见

对不合格项目进行分析，小组讨论提出修改意见，填写表 2-16。

表 2-16　修改意见表

不合格项目	产生原因	修改意见
尺寸不对		
圆弧曲线误差		
表面粗糙度达不到要求		

四、三件套锥面配合件产品成本核算

相同的企业，由于生产的工艺过程、生产组织以及成本管理要求不同，成本计算的方法也不一样。不同成本计算方法的区别主要表现在三个方面：一是成本计算对象不

同；二是成本计算期不同；三是生产费用在产成品和半成品之间的分配情况不同。

常用的成本计算方法主要有品种法、分批法和分步法。

（1）品种法。品种法是以产品品种作为成本计算对象来归集生产费用、计算产品成本的一种方法。由于品种法不需要按批计算成本，也不需要按步骤来计算半成品成本，因而这种成本计算方法比较简单。品种法主要适用于大批量单步骤生产的企业，如发电、采掘等。或者虽属于多步骤生产，但不要求计算半成品成本的小型企业，如小水泥、制砖等。品种法一般按月定期计算产品成本，也不需要把生产费用在产成品和半成品之间进行分配。

（2）分批法。分批法也称定单法，是以产品的批次或定单作为成本计算对象来归集生产费用、计算产品成本的一种方法。分批法主要适用于单件和小批的多步骤生产。如重型机床、船舶、精密仪器和专用设备等。分批法的成本计算期是不固定的，一般把一个生产周期（即从投产到完工的整个时期）作为成本计算期定期计算产品成本。由于在未完工时没有产成品，完工后又没有在产品，产成品和在产品不会同时并存，因而也不需要把生产费用在产成品之间进行分配。

（3）分步法。分步法是按产品的生产步骤归集生产费用、计算产品成本的一种方法。分步法适用于大量或大批的多步骤生产，如机械、纺织、造纸等。分步法由于生产的数量大，在某一时间上往往既有已完工的产成品，又有未完工的在产品和半成品，不可能等全部产品完工后再计算成本。因而，分步法一般是按月定期计算成本，并且要把生产费用在产成品和半成品之间进行分配。

学习活动 4　工作总结与评价

学习目标

1. 能够根据三件套锥面配合件实物，合理选择检验工具和量具，确定检测方法。
2. 能正确规范地使用工具、量具对三件套锥面配合件进行检验，并对工具、量具进行合理保养和维护。
3. 能够根据三件套锥面配合件的测量结果，分析误差产生的原因，并提出修改意见。
4. 能按检验室管理要求，正确放置检验用工具、量具。

建议学时

10 学时

学习过程

一、自我评价

自我评价见表 2-17。

表 2-17　三件套锥面配合件加工综合评价表

项目	序号	技术要求	配分	评分标准	检测记录	得分
机床操作(20%)	1	正确开启机床、检测	4	不正确、不合理无分		
	2	机床返回参考点	4	不正确、不合理无分		
	3	程序的输入及修改	4	不正确、不合理无分		
	4	程序空运行轨迹检查	4	不正确、不合理无分		
	5	对刀的方式、方法	4	不正确、不合理无分		
程序与工艺(20%)	6	程序格式规范	4	不合格每处扣 1 分		
	7	程序正确、完整	8	不合格每处扣 2 分		
	8	工艺合理	8	不合格每处扣 2 分		

续表

项目	序号	技术要求	配分	评分标准	检测记录	得分
零件质量（50%）	9	5mm	6	超差不得分		
	10	20mm	6	超差不得分		
	11	42mm	6	超差不得分		
	12	ϕ24mm	6	超差不得分		
	13	ϕ48mm	6	超差不得分		
	14	锥度尺寸 1∶5	6	超差不得分		
	15	C1 倒角（五处）	8	超差不得分		
	16	$Ra3.2\mu m$	6	超差不得分		
安全文明生产（10%）	17	安全操作	5	不按安全操作规程操作全扣分		
	18	机床清理	5	不合格全扣分		
总配分			100			

二、展示评价（小组评价）

把个人制作好的三件套锥面配合件进行分组展示，再由小组推荐代表作必要的介绍。在展示过程中，以组为单位进行评价；评价完后，根据其他组成员对本组展示成果的评价意见进行归纳总结，完成如下项目。

（1）展示的三件套锥面配合件符合技术标准吗？

合格□　　不良□　　返修□　　报废□

（2）本小组介绍成果表达是否清晰？

很好□　　一般，常补充□　　不清晰□

（3）本小组演示的三件套锥面配合件检测方法操作正确吗？

正确□　　部分正确□　　不正确□

（4）本小组演示操作时遵循了“7S”的工作要求吗？

符合工作要求□　　忽略了部分要求□　　完全没有遵循□

（5）本小组的检测量具、量仪保养完好吗？

很好□　　一般□　　不合要求□

（6）本小组的成员团队创新精神如何？

很好□　　一般□　　不足□

三、教师评价

教师对展示的作品分别作评价：

(1) 找出各组的优点进行点评。

(2) 对展示过程中各组的缺点进行点评，提出改进方法。

(3) 对整个任务完成中出现的亮点和不足进行点评。

四、总结提升

1) 根据三件套锥面配合件加工质量及完成情况，分析三件套锥面配合件编程与加工中的不合理处及其原因并提出改进意见，填入表2-18中。

表2-18 三件套锥面配合件加工不合理处及改进意见

序号	工作内容	不合理处	不合理原因	改进意见
1	零件工艺处理与编程			
2	零件数控车加工			
3	零件质量			

2) 三件套锥面配合件加工质量的保证。

在实际生产中，数控车床车削零件的质量受诸多因素的影响，如工艺过程、数控系统、数控编程和对刀调整等都直接影响零件的加工质量。但可以利用软件来进行校正补偿，在软件的支持下，使每道工序、工步、走刀都能获得最佳的切削用量组合，充分发挥工艺系统的潜能，获得高的加工精度及重复精度。

(1) 工件装夹方法的合理选择。

数控车床上装夹工件的方法与一般车床基本一样，如合理选择定位基准和夹紧方式，注意减少装夹次数，尽量采用组合夹具等。除一般轴类零件用三爪自定心卡盘直接装夹外，对于一些特殊零件，必须合理选择装夹方法，否则对零件的加工质量将带来负面影响，不能发挥数控车床高精度加工的优越性。

(2) 加工工艺安排方面。

工艺性分析与工艺处理是对工件进行数控加工的前期准备工作，它必须在数控程序编制前完成，因为工艺方案确定之后，编程才有依据。如果工艺性分析不全面，工艺处理不当，将可能造成数控加工的错误，直接影响加工的顺利进行，甚至出现废品。因此，数控加工的编程人员首先要把数控加工的工艺问题考虑周全，才进行程序编制。合理进行数控车削的工艺处理，是提高零件的加工质量和生产效率的关键。因此，应根据零件图纸对零件进行工艺分析，明确加工内容和技术要求，确定加工方式和加工路线，选择合适刀具及切削用量等参数。

(3) 刀具的合理选择。

刀具的选择、刃磨、安装，直接会影响到加工工件的质量。根据工艺系统刚性、具体零件的结构特点、技术要求等情况综合考虑，采用不同的刀具和切削用量，对不同的表面进行加工，有利于提高零件的加工质量。粗车时，要选强度高、使用寿命长的刀具，以便满足粗车时大背吃刀量、大进给的要求。精车时，要选精度高、寿命长、切削性能好的刀具，以保证加工精度的要求。另外，刀具材料的选择也是非常重要的一环，刀具材料在切削中一方面受到高压、高温和剧烈的摩擦作用，要求其硬度高、耐磨性和耐热性好；另一方面又要受到压力、冲击和振动，要求其强度和韧性足够。

（4）数控编程方面。

程序编制是数控加工中的一项重要工作，理想的加工程序应保证加工出符合产品图样要求的合格工件，同时应能使数控车床的功能得到合理的应用与充分的发挥，使数控车床安全、可靠、高效地工作，加工出高质量的产品。

（5）车床操作者的专业素养。

车床操作者是数控加工的执行人，他们对数控加工质量的控制也是很明显的。他们在执行加工任务的过程中对机床、刀柄、刀具、加工工艺和切削参数的实时状态最了解，他们的各项操作对数控加工影响最直接，所以机床操作者的技能和责任心也是提高数控加工质量的重要因素。

我们知道，虽然车床等硬件设备是很关键的，但人才是影响数控加工质量的决定性因素，因为程序设计员和车床操作者的职业道德、技能水平以及岗位责任心决定了各种先进设备能发挥出最大的效能。所以，我们一定要重视人才的培养和引进，为数控加工质量的持续提高打下坚实的基础。

（6）数控系统方面。

①消除机床间隙的影响。

当数控车床长期使用或由于其本身传动系统结构上的原因，有可能存在反向死区误差。这时，可在数控编程和加工时采取一些措施，以消除反向死区误差，提高加工精度。尤其是当被加工的零件尺寸精度接近数控车床的重复定位精度时，更为重要。

②减小数控系统累积误差的影响。

数控系统在进行快速移动和插补的运算过程中，会产生累积误差，当它达到一定值时，会使机床产生移动和定位误差，影响加工精度。以下措施可减小数控系统的累积误差。

尽量用绝对方式编程。绝对方式编程以某一固定点（工件坐标原点）为基准，每一段程序和整个加工过程都以此为基准。而增量方式编程，是以前一点为基准，连续执行多段程序必然产生累积误差。

插入回参考点指令。机床回参考点时，会使各坐标清零，这样便消除了数控系统运算的累积误差。在较长的程序中适当插入回参考点指令有益于保证加工精度。有换刀要求时，可回参考点换刀，一举两得。

3）试结合自身任务完成情况，通过交流讨论等方式较全面规范撰写本次任务的工作总结。

工作总结（心得体会）

评价与分析

表 2-19　学习任务评价表

班级：　　　　　　　　学生姓名：　　　　　　　　学号：

项目	自我评价			小组评价			教师评价		
	10～9	8～6	5～1	10～9	8～6	5～1	10～9	8～6	5～1
	占总评 10%			占总评 30%			占总评 60%		
学习活动 1									
学习活动 2									
学习活动 3									
学习活动 4									
表达能力									
协作精神									
纪律观念									
工作态度									
分析能力									
操作规范性									
任务总体表现									
小计									
总评									

任课教师：　　　　　　　年　　月　　日

学习任务三　三件套圆弧螺纹配合件的数控车加工

学习目标

1. 能阅读生产任务单，明确工作任务，制订出合理的工作进度计划。
2. 能够根据三件套圆弧螺纹配合件实物，绘制出三件套圆弧螺纹配合件的零件图。
3. 掌握三件套圆弧螺纹配合件基准（装配基准、设计基准等）的确定方法。
4. 掌握三件套圆弧螺纹配合件工艺尺寸链的确定方法。
5. 能根据三件套圆弧螺纹配合件零件图样，制订数控车削加工工艺。
6. 能合理制订三件套圆弧螺纹配合件加工工时的预估方法。
7. 掌握三件套圆弧螺纹配合件数控车削加工及质量保证方法。
8. 能较好掌握三件套圆弧螺纹配合件相关量具、量仪的使用及保养方法。
9. 能较好分析三件套圆弧螺纹配合件加工误差产生的原因。

建议学时

50 学时

学习过程

学习活动 1　三件套圆弧螺纹配合件的加工工艺分析与编程

一、生产任务单

（1）阅读生产任务单（见表 3-1）。

表 3-1　三件套圆弧螺纹配合件生产任务单

单位名称				完成时间	年　月　日
序号	产品名称	材料	生产数量	技术标准、质量要求	
1	三件套圆弧螺纹配合件	45 钢	30 件	按图样要求	

续表

单位名称				完成时间		年　月　日
序号	产品名称	材料	生产数量	技术标准、质量要求		
2						
生产批准时间		年　月　日	批准人			
通知任务时间		年　月　日	发单人			
接单时间		年　月　日	接单人		生产班组	数控车工组

（2）查阅资料，从工艺品的特性考虑，说明实际生活中三件套圆弧螺纹配合件的用途。

（3）本生产任务工期为 20 天，试依据任务要求，制订合理的工作计划（见表 3-2），并根据小组成员的特点进行分工。

表 3-2　工作计划表

序号	工作内容	时间	成员	责任人
1	零件图绘制			
2	基准的确定			
3	工艺分析			
4	工艺尺寸链的确定			
5	数控车削加工			
6	加工工时的预估方法			
7	质量保证方法			
8	量具、量仪的使用及保养方法			
9	加工误差产生的原因			

二、绘制三件套圆弧螺纹配合件零件图

实物如图 3-1 所示。零件图的绘制方法已在前面学习任务中介绍过，这里不再叙述。

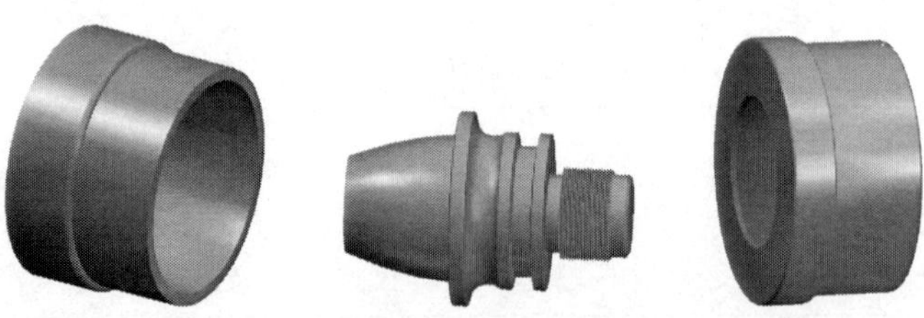

图 3-1　三件套圆弧螺纹配合件实物

三、根据三件套圆弧螺纹配合件图样，明确基准定位方法

零件图样如图 3-2 所示。

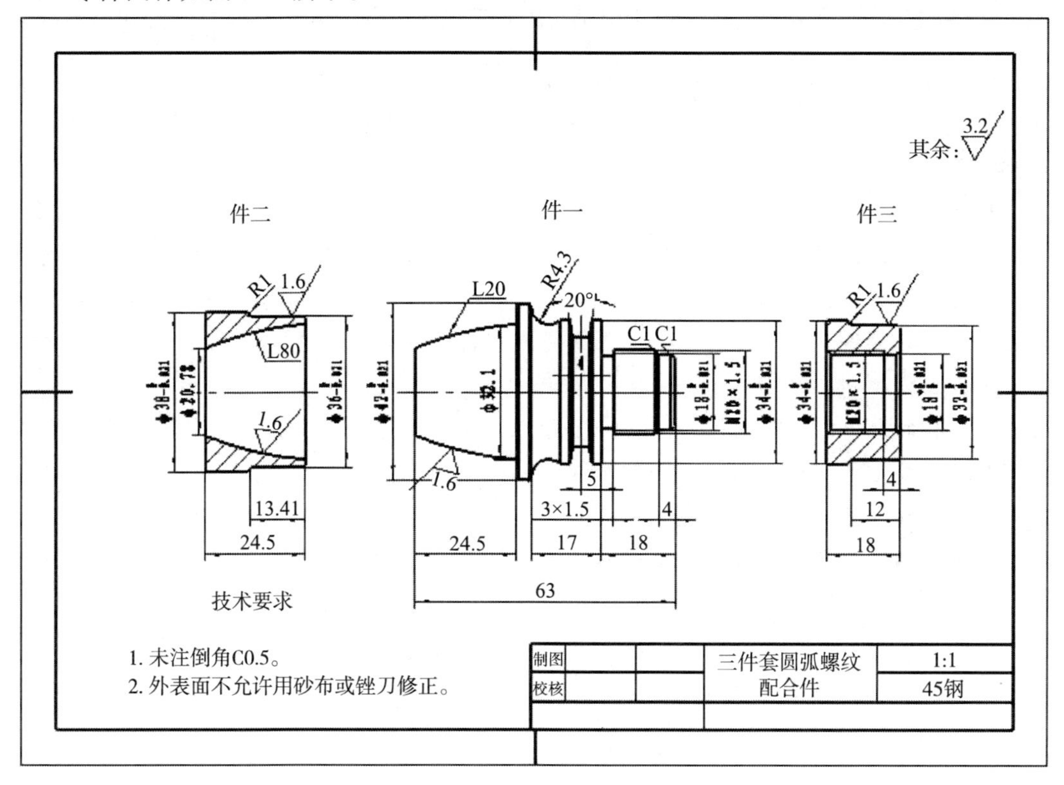

图 3-2　三件套圆弧螺纹配合件零件图样

根据定位基准选择原则，避免不重合误差，便于编程，以工序的设计基准作为定位基准。分析零件图纸结合相关数控加工方面的知识，该零件可以通过一次装夹多次走刀能够达到加工要求。零件加工时，先以直径为 20mm 的外圆的轴线作为轴向定位基准，加工零件；然后一零件轴线作为轴向定位基准，以轴台的端面的中心作为该轴剩余工序的轴向定位基准，并且把编程原点选在设计基准上，如图 3-3 所示。

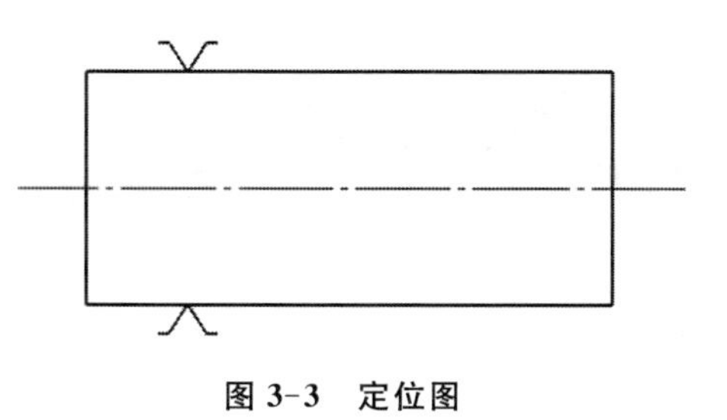

图 3-3　定位图

四、根据三件套圆弧螺纹配合件图样，确定该图样的工艺尺寸链

工艺尺寸链的内容已在前面学习任务中介绍过，这里不再叙述。

五、数控车削加工工艺分析

一名合格的数控车床操作工首先必须是一名合格的工序员，全面掌握数控车削加工的工艺知识对数控编程和操作技能有极大的帮助。本次学习任务是三件套圆弧螺纹配合

件加工，通过本次任务学习将全面掌握数控车削加工工艺的主要内容、加工工艺规程的制订过程、对刀操作及刀具和夹具选择等相关知识。

六、三件套圆弧螺纹配合件数控车削加工工艺分析

图3-2是三件套圆弧螺纹配合件零件图，毛坯直径 ϕ50mm×70mm、ϕ50mm×30mm、ϕ50mm×30mm，共计三块。材料为45钢，所用数控车床为CK6136A，其数控车削加工工艺分析如下。

1. 零件图工艺分析

该零件表面由圆柱、倒角、矩形沟槽、梯形沟槽、内外螺纹、顺圆弧及逆圆弧等组成。尺寸精度和表面粗糙度都有严格要求，有几处表面粗糙度要达到1.6，无热处理和硬度要求。该零件属于一个典型的圆弧螺纹配合件。

通过上述分析，采取以下几点工艺措施。

(1) 在轮廓曲线上，有四处为过象限圆弧，都为既过象限又改变进给方向的轮廓曲线，因此，在加工时应进行机械间隙补偿，以保证轮廓曲线的准确性。

(2) 先粗车掉大部分余量。在粗车时不要产生“过切”现象，粗车的同时为精加工留一定的余量。粗车最后一刀时按照轮廓轨迹走一刀，为精加工留下均匀的余量。

(3) 精车到图纸尺寸。精车时，采用一次性走刀将零件轮廓加工完整。为保证工件轮廓表面加工后的粗糙度要求，精加工时，最终轮廓应安排在最后一次走刀连续加工出来。刀具的进退刀路线要认真考虑，以尽量减少在轮廓处停刀，以避免切削力（大小、方向）突然变化造成弹性变形而留下刀痕。一般应沿着零件表面的切向切入和切出，尽量避免沿工件轮廓面垂直方向进、退刀而划伤工件。

(4) 为便于装夹，毛坯左端应预先车出夹持部分，右端面也应先粗车，以充分保证同轴度。

(5) 进行切断。切断刀在对刀时，最好使用右刀尖对刀，比较容易保证尺寸。

2. 确定装夹方案

由于给出的材料长度比较长，所以不需要采用一夹一顶的方式加工，只需用三爪自定心卡盘夹持毛坯材料的一端即可。所以本零件选用三爪自定心卡盘作为夹具，其装夹如图3-4所示。

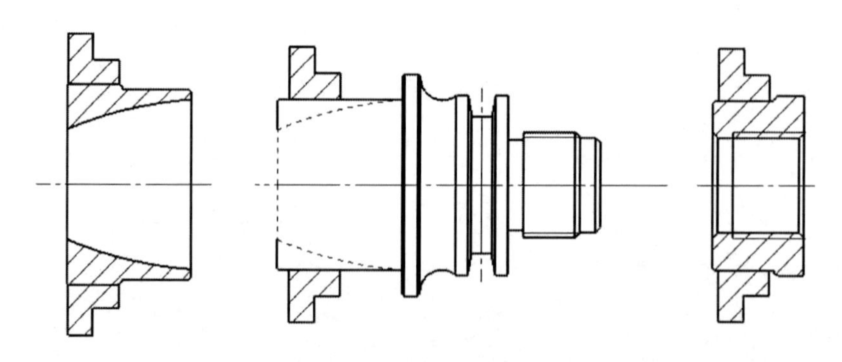

图3-4 三件套圆弧螺纹配合件装夹图

3. 确定加工顺序及进给路线

加工顺序按由粗到精、由近到远（由右到左）原则确定。即先从右到左进行粗车（留 0.5mm 精车余量），然后从右到左进行精车，最后进行切断。

4. 本零件所选数控刀具

（1）粗车凹圆弧时为防止副后刀面与工件轮廓干涉（可用作图法检验），正、反偏刀副偏角都不宜太小，故选 $k'_r=35°$。

（2）粗车外圆时选 93°外圆刀，粗车内孔时选内孔刀。

（3）为减少刀具数量和换刀次数，粗、精车选用同一把刀，刀尖圆弧半径应小于轮廓最小圆角半径，取 $r_\varepsilon=0.15\sim0.4$mm。

（4）加工外螺纹时选 60°外螺纹刀，加工内螺纹时选 60°内螺纹刀。

（5）切槽和切断选刀宽为 4mm 的机卡切断刀进行切断。

将所选定的刀具参数填入表 3-3 数控加工刀具卡片中，以便于编程和操作管理。

表 3-3　数控加工刀具卡片

产品名称或代号	配合件数控加工	零件名称	三件套圆弧螺纹配合件	零件图号	MDJJSXY-03
刀具号	刀具名称	数量	加工内容	刀尖半径/mm	刀具规格/mm×mm
T01	93°外圆刀	1	粗、精车轮廓	0.8	20×20
T02	35°菱形刀	1	粗、精车凹圆弧轮廓	0.8	20×20
T03	内孔刀	1	粗、精车轮廓	0.8	20×20
T04	60°外螺纹刀	1	外螺纹	0.8	20×20
T05	60°内螺纹刀	1	内螺纹	0.8	20×20
T06	切断刀	1	切槽、切断		20×20
编制	审核		批准	第　页	共　页

5. 切削用量的选择

（1）切削深度 a_p 的确定。

本次零件加工粗车循环时 $a_p=1$mm，精车 $a_p=0.25$mm。

（2）主轴转速 S（n）或切削速度 v_c 的确定

本次零件加工粗车 $n=1000$r/min，精车 $n=1600$r/min。

（3）进给量 f 或进给速度 F 的确定

本次零件加工粗车、精车进给量 f 分别为 0.3mm/r 和 0.1mm/r，进给速度分别为 200mm/min 和 100mm/min。

将前面分析的各项内容综合成表 3-4 所示的数控加工工艺卡片。

表 3-4　三件套圆弧螺纹配合件数控加工工艺卡

<table>
<tr><td rowspan="2">单位名称</td><td rowspan="2">牡丹江技师学院</td><td colspan="2">产品名称</td><td colspan="3">配合件数控加工</td><td>图号</td><td>MDJJS XY—03</td></tr>
<tr><td colspan="2">零件名称</td><td colspan="2">三件套圆弧螺纹配合件</td><td>数量</td><td>30</td><td>第　页</td></tr>
<tr><td>材料种类</td><td>碳钢</td><td>材料牌号</td><td>45 钢</td><td colspan="2">毛坯尺寸</td><td colspan="2">Φ50mm×70mm</td><td>共　页</td></tr>
<tr><td rowspan="2">工序号</td><td rowspan="2">工序内容</td><td rowspan="2">车间</td><td rowspan="2">设备</td><td colspan="3">工具</td><td rowspan="2">计划工时</td><td rowspan="2">实际工时</td></tr>
<tr><td>夹具</td><td>量具</td><td>刃具</td></tr>
<tr><td>1</td><td>粗车外轮廓</td><td>数控车间</td><td>CK6136A</td><td>三爪自定心卡盘</td><td>千分尺
游标卡尺</td><td>93°外圆刀</td><td></td><td></td></tr>
<tr><td>2</td><td>精车外轮廓</td><td>数控车间</td><td>CK6136A</td><td>三爪自定心卡盘</td><td>千分尺
游标卡尺</td><td>93°外圆刀</td><td></td><td></td></tr>
<tr><td>3</td><td>粗车凹圆弧轮廓</td><td>数控车间</td><td>CK6136A</td><td>三爪自定心卡盘</td><td>千分尺
游标卡尺</td><td>35°菱形反偏刀</td><td></td><td></td></tr>
<tr><td>4</td><td>精车凹圆弧轮廓</td><td>数控车间</td><td>CK6136A</td><td>三爪自定心卡盘</td><td>千分尺
游标卡尺</td><td>35°菱形反偏刀</td><td></td><td></td></tr>
<tr><td>5</td><td>粗车内轮廓</td><td>数控车间</td><td>CK6136A</td><td>三爪自定心卡盘</td><td>千分尺
游标卡尺</td><td>内孔刀</td><td></td><td></td></tr>
<tr><td>6</td><td>精车内轮廓</td><td>数控车间</td><td>CK6136A</td><td>三爪自定心卡盘</td><td>千分尺
游标卡尺</td><td>内孔刀</td><td></td><td></td></tr>
<tr><td>7</td><td>外螺纹</td><td>数控车间</td><td>CK6136A</td><td>三爪自定心卡盘</td><td>螺纹环规</td><td>60°外螺纹刀</td><td></td><td></td></tr>
<tr><td>8</td><td>内螺纹</td><td>数控车间</td><td>CK6136A</td><td>三爪自定心卡盘</td><td>螺纹环规</td><td>60°内螺纹刀</td><td></td><td></td></tr>
<tr><td>9</td><td>切槽、切断</td><td>数控车间</td><td>CK6136A</td><td>三爪自定心卡盘</td><td>千分尺
游标卡尺</td><td>切断刀</td><td></td><td></td></tr>
<tr><td>更改号</td><td></td><td colspan="2">拟定</td><td colspan="2">校正</td><td colspan="2">审核</td><td>批准</td></tr>
<tr><td>更改者</td><td></td><td colspan="2"></td><td colspan="2"></td><td colspan="2"></td><td></td></tr>
<tr><td>日期</td><td></td><td colspan="2"></td><td colspan="2"></td><td colspan="2"></td><td></td></tr>
</table>

七、编制程序

1）根据零件图样确定编程原点并在图中标出，如图 3-5 所示。

2）数控编程有三种方法，即手工编程、自动编程和计算机辅助编程，采用哪种编程方法应视零件的难易程度而定。

3）本次学习任务所用数控指令介绍。

数控编程五大功能代码包括：准备功能代码（G 功能）、辅助功能代码（M 功能）、进给功能代码（F 功能）、主轴转速功能代码（S 功能）和刀具功能代码（T 功能）。

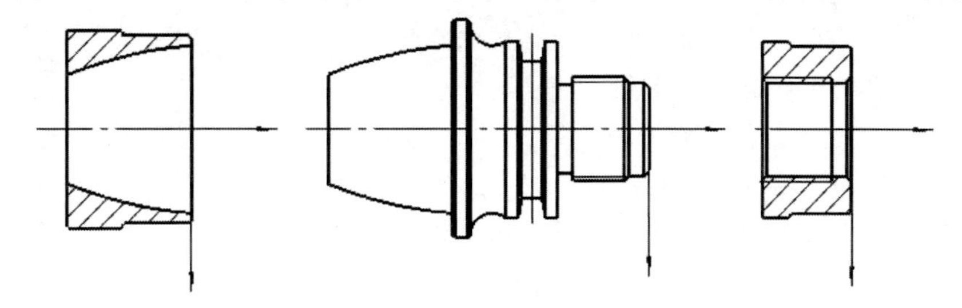

图 3-5　确定编程原点

（1）圆弧插补指令 G02/G03。

①格式：G02/G03　X＿Z＿R＿；

G02/G03　X＿Z＿I＿K＿；

其中，G02 表示顺时针方向圆弧插补，G03 表示逆时针方向圆弧插补；

X＿、Z＿表示圆弧终点坐标，*R* 表示圆弧半径，圆心角小于 180°时，*R* 为正值，圆心角大于 180°时，*R* 为负值；

I＿、K＿为圆心相对于圆弧起点在 *X* 轴和 *Z* 轴方向的增量值（向量），由起点指向圆心，其中 *I* 为半径值。

②运行轨迹。

运行轨迹指从起点到终点（X＿Z＿）的一段圆弧。

③指令说明。

G02 和 G03 的区别：在笛卡尔坐标系中，从垂直于圆弧所在平面的一根坐标轴的正方向向负方向看该圆弧，顺时针方向圆弧为 G02，逆时针方向圆弧为 G03，如图 3-6 所示。

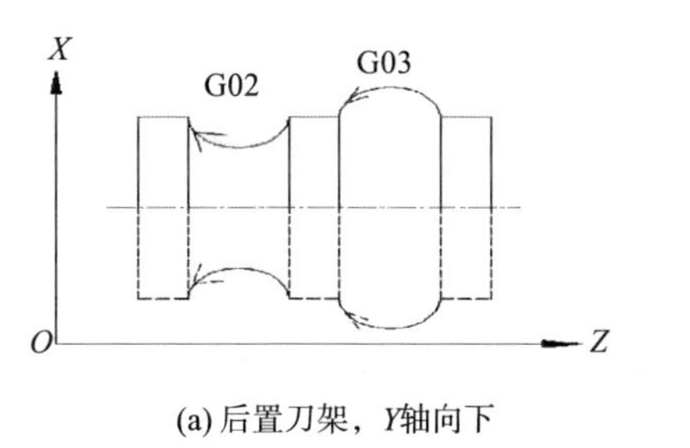

(a) 后置刀架，*Y*轴向下

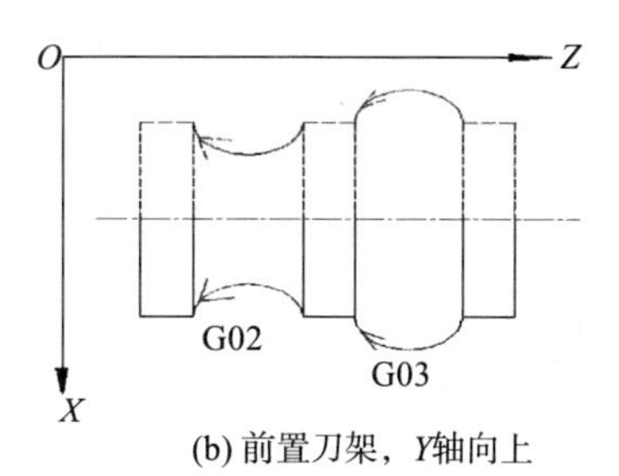

(b) 前置刀架，*Y*轴向上

图 3-6　圆弧顺逆的判别

圆弧半径的确定：

如图 3-7 所示，圆心角 $\alpha \leqslant 180°$时，图中的圆弧 1，*R* 取正值；圆心角 $\alpha > 180°$时，图中的圆弧 2，*R* 取负值。

（2）仿形车复合循环 G73。

①格式：

G73U（Δi）　W（Δk）　R（Δd）

G73P（ns） Q（nf） U（Δu） W（Δw） F××S××T××

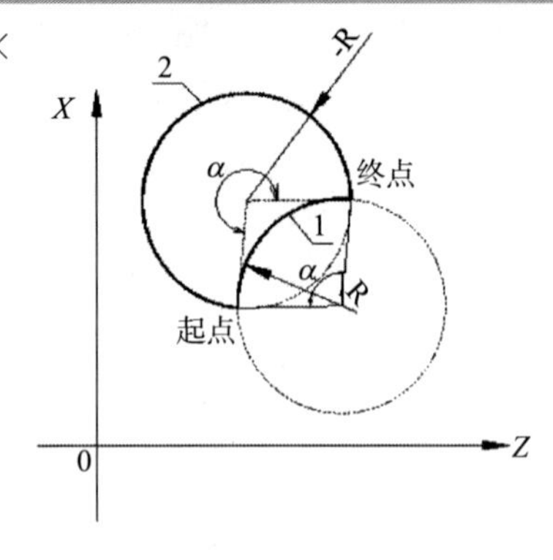

图 3-7 圆弧半径正负的判断

式中，Δi——X 方向毛坯切除余量（半径值、正值）；

Δk——Z 方向毛坯切除余量（正值）；

Δd——粗切循环的次数；

ns——精加工描述程序的开始循环程序段的行号；

nf——精加工描述程序的结束循环程序段的行号；

Δu——X 向精车预留量；

Δw——Z 向精车预留量。

Δi 为 X 方向加工余量的大小和方向，大小为毛坯轮廓与精加工轮廓对应点的径向差值的最大值，用半径值表示；方向为加工余量相对于轮廓外形的方向，一般外圆加工时为正值，内孔加工时为负值。Δk 为 Z 方向加工余量的大小和方向，可参照 Δi 理解。

②运行轨迹。

刀具从起点 C 快速退刀至 D 点（$\Delta u/2+\Delta i$，$\Delta w+\Delta k$），快速进刀至 E 点（由 A 点坐标、精加工余量、退刀量 Δi 和 Δk 及粗切次数 Δd 决定）；仿轮廓外形切削至 F 点，快速返回 G 点，准备下一层切削，如此反复切削，直至循环结束（见图 3-8）。

③注意事项。

(a) 该指令主要用切削固定轨迹的轮廓，如铸、锻件或已粗车成形的工件，对于不具备成形条件的工件，用 G73 指令会增加空行程，尽量不用。

(b) G73 指令描述精加工走刀路径时应封闭。

(c) G73 指令用于内孔加工时，如果采用 X、Z 双向进刀或 X 单向进刀方式，必须注意是否有足够的退刀空间，否则会发生撞刀。

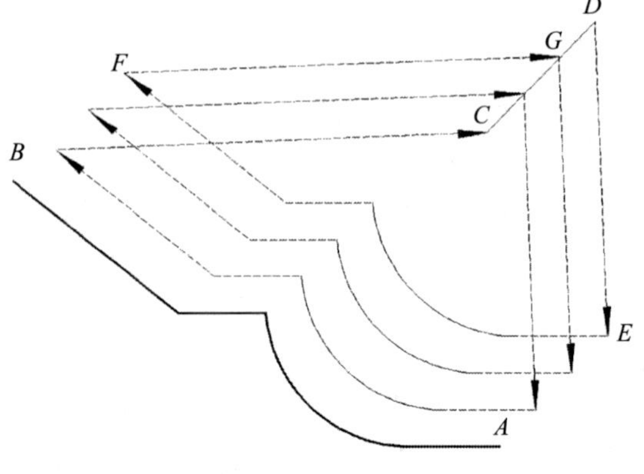

图 3-8 运行轨迹示意图

(3) 根据零件图样及加工工艺，结合所学数控系统，归纳出表 3-5 三件套圆弧螺纹配合件加工用到的编程指令（包括 G 代码指令和辅助指令）。

为了保证零件的加工精度，在加工过程中应多次进行测量，试考虑在程序中如何实现这一环节？

表 3-5 三件套圆弧螺纹配合件加工用到的编程指令

序号	选择的指令	指令格式
1	G00	G00 X_Z_;
2	G01	G01 X_Z_F_;

续表

序号	选择的指令	指令格式
3	G02	G02　X__Z__R__；
4	G03	G03　X__Z__R__；
5	G73	G73U（Δi）　W（Δk）　R（Δd） G73P（ns）　Q（nf）　U（Δu）　W（Δw）　F××S××T××
6	G71	G71　U（Δd）　R（e） G71　P（ns）　Q（nf）　U（Δu）　W（Δw）　F××
7	G76	G76　P（m）（r）（α）　Q（Δdmin）　R（d） G76　X（U）__Z（W）__R（i）　P（k）　Q（Δd）　F__
8	M 功能	M××
9	T 功能	T××××
10	S 功能	S××××
11	F 功能	F××××

（4）根据零件加工步骤及工艺分析，完成三件套圆弧螺纹配合件数控加工程序的编制（见表 3-6～表 3-11）。

表 3-6　三件套圆弧螺纹配合件件一左端加工程序

程序段号	件一（左端）	O0001；
	加工程序	程序说明
N10		
N20		
N30		
N40		
N50		

续表

程序段号	件一（左端）	O0001：
	加工程序	程序说明
N60		
N70		
N80		
N90		
N100		
N110		
N120		
N130		
N140		

表 3-7　三件套圆弧螺纹配合件件一右端加工程序

程序段号	件一（右端）	O0002：
	加工程序	程序说明
N10		
N20		
N30		
N40		
N50		
N60		
N70		
N80		
N90		
N100		
N110		
N120		
N130		
N140		
N150		

表 3-8　三件套圆弧螺纹配合件件二左端加工程序

程序段号	件二（左端）	O0003：
	加工程序	程序说明
N10		
N20		
N30		
N40		
N50		
N60		
N70		
N80		
N90		
N100		
N110		
N120		
N130		
N140		

表 3-9　三件套圆弧螺纹配合件件二右端加工程序

程序段号	件二（右端）	O0004：
	加工程序	程序说明
N10		
N20		
N30		
N40		
N50		
N60		
N70		
N80		
N90		
N100		
N110		
N120		
N130		
N140		

表 3-10　三件套圆弧螺纹配合件件三左端加工程序

程序段号	件三（左端）	O0005：
	加工程序	程序说明
N10		
N20		
N30		
N40		
N50		
N60		
N70		
N80		
N90		
N100		
N110		
N120		
N130		
N140		

表 3-11　三件套圆弧螺纹配合件件三右端加工程序

程序段号	件三（右端）	O0006：
	加工程序	程序说明
N10		
N20		
N30		
N40		
N50		
N60		
N70		
N80		
N90		
N100		
N110		
N120		
N130		
N140		

学习活动 2　三件套圆弧螺纹配合件的数控车加工

学习目标

1. 能根据三件套圆弧螺纹配合件的零件图样，确定符合加工要求的工具、量具、夹具及辅件。

2. 能按图样要求，测量毛坯尺寸，判断毛坯是否有足够的加工余量。

3. 能正确装夹工件，并对其进行找正。

4. 能正确选择本次任务所需的切削液。

5. 能在三件套圆弧螺纹配合件加工过程中，严格按照数控车床操作规程操作机床。

6. 能合理制订三件套圆弧螺纹配合件加工工时的预估方法。

7. 掌握三件套圆弧螺纹配合件数控车削加工及质量保证方法。

8. 能较好掌握三件套圆弧螺纹配合件相关量具、量仪的使用及保养方法。

9. 能较好分析三件套圆弧螺纹配合件加工误差产生的原因。

建议学时

30 学时

学习过程

一、加工准备

1）领取工具、量具、刃具。

填写工具、量具、刃具清单（见表 3-12），并领取工具、量具、刃具。

表 3-12　工具、量具、刃具清单

序号	名称	规格	数量	备注
1	外径千分尺	0～25mm	1	
2	游标卡尺	0～150mm	1	
3	磁力表座	—	1	
4	百分表	—	1	
5	内孔刀	—	1	
6	切断刀	ZQS2020R-4018K-K	1	
7	93°外圆刀	MWLNR2020K08	1	

续表

序号	名称	规格	数量	备注
8	60°外螺纹刀		1	
9	60°内螺纹刀		1	
10	铜皮、铜棒		自定	
11	毛刷、棉纱		各1	
12	套筒扳手、套筒		各1	
13	刀架扳手		1	
14	卡盘扳手		1	
15	钢直尺	150mm	1	

2）领取毛坯料。

填写领料单，领取毛坯料，并测量毛坯外形尺寸，判断毛坯是否有足够的加工余量。

二、零件加工

1）记录程序输入时产生的报警号，并说明产生报警的原因及解决办法（见表3-13）。

表3-13　程序输入时产生的报警记录

报警号	报警内容	报警原因	解决办法

2）自动加工。

（1）为了保证零件加工精度，在粗加工后检测零件各部分的尺寸，记录并确定补偿值（见表3-14）。

表3-14　零件检测记录表

序号	直径测量数据	补偿数据（X轴磨耗）	长度测量数据	补偿数据（Z轴磨耗）

（2）加工中注意观察刀具切削情况，记录加工中不合理的因素（例如，切削用量、加工路径是否合理，刀具是否有干涉），以便于纠正，提高工作效率（见表3-15）。

表 3-15　三件套圆弧螺纹配合件加工中遇到的问题

问题	产生原因	预防措施或改进办法

（3）案例分析：在加工完三件套圆弧螺纹配合件右端轮廓后，发现表面粗糙度不好，试说明原因并提出解决方法。

（4）案例分析：在加工完三件套圆弧螺纹配合件右端轮廓后，发现端面中心处有小凸台，试分析产生的原因并提出解决方法。

三、保养机床、清理场地

加工完毕后，按照图样要求进行自检，正确放置零件，并进行产品交接确认；按照国家环保相关规定和车间要求整理现场，清扫切屑，保养机床，并正确处置废油液等废弃物；按车间规定填写交接班记录和设备日常保养记录卡（见表 3-16）。

表 3-16　设备日常保养记录卡

设备名称：　　设备编号：　　使用部门：　　保养年月：　　存档编码：

保养内容＼日期	1	2	3	4	5	6	7	8	9	10	11	12	13	14	15	16	17	18	19	20	21	22	23	24	25	26	27	28	29	30	31
环境卫生																															
机身整洁																															
加油润滑																															
工具整齐																															
电气损坏																															
机械损坏																															
保养人																															
机械异常备注																															

审核人：　　　　　　　　　　　　　　　　　　　　　　　　年　月　日

注：保养后，用“√”表示日保；“△”表示月保；“Y”表示一级保养；“X”表示有损坏或异常现象，应在“机械异常备注”栏给予记录。

学习活动3　三件套圆弧螺纹配合件的检验与质量分析

学习目标

1. 能够根据三件套圆弧螺纹配合件实物，合理选择检验工具和量具，确定检测方法。

2. 能规范地使用工、量具对三件套圆弧螺纹配合件进行检验，并对工、量具进行合理保养和维护。

3. 能够根据三件套圆弧螺纹配合件的测量结果，分析误差产生的原因，并提出修改意见。

4. 能按检验室管理要求，正确放置检验用工、量具。

建议学时

10学时

学习过程

一、明确测量要素，领取检测用工、量具

1）三件套圆弧螺纹配合件上有哪些要素需要测量？

根据三件套圆弧螺纹配合件需要测量的要素，写出检测三件套圆弧螺纹配合件所需的工、量具，并填入表3-17中。

表3-17　检测三件套圆弧螺纹配合件所需的工、量具

序号	名称	规格（精度）	检测内容	备注
1	千分尺	0～25mm	直径尺寸	
2	游标卡尺	0～150mm	长度尺寸	
3	测量圆弧直读式游标卡尺		圆弧尺寸	
4	三坐标测量仪		直径、长度、圆弧尺寸	
5	圆弧样板（R规）		圆弧尺寸	
6	锥度塞尺		锥度尺寸	
7	万能角度尺		锥度尺寸	

2）案例分析：在检测三件套圆弧螺纹配合件零件尺寸过程中，用到了几种检测方法？

二、检测零件，填写三件套圆弧螺纹配合件质量检验单

1）根据图样要求，自检三件套圆弧螺纹配合件零件，并完成零件质量检验单（见表 3-18）。

表 3-18　三件套圆弧螺纹配合件质量检验单

项目	序号	内容	检测结果	结论
长度	1	4mm		
	2	17mm		
	3	18mm		
	4	24.5mm		
	5	63mm		
圆弧	6	R1mm		
	7	R80mm		
矩形槽	8	3mm×1.5mm		
梯形槽	9	底宽 4mm		
倒角	10	C1mm（四处）		
外圆	11	ϕ18mm		
	12	ϕ32mm		
	13	ϕ34mm		
	14	ϕ36mm		
	15	ϕ38mm		
外螺纹	16	M20×1.5		
内螺纹	17	M20×1.5		
表面质量	18	R_a3.2μm		
三件套圆弧螺纹配合件检测结论				
产生不合格品的情况分析				

2）案例分析：利用圆弧样板检测三件套圆弧螺纹配合件零件圆弧尺寸 R6mm，发现接触面积偏小，试分析接触面积不合格的原因，并提出纠正方法。

三、提出工艺方案修改意见

对不合格项目进行分析，小组讨论提出修改意见，填写表 3-19。

表 3-19　不合格项分析

不合格项目	产生原因	修改意见
尺寸不对		
圆弧曲线误差		
表面粗糙度达不到要求		

学习活动 4　工作总结与评价

学习目标

1. 能够根据三件套圆弧螺纹配合件实物，合理选择检验工具和量具，确定检测方法。

2. 能正确规范地使用工具、量具对三件套圆弧螺纹配合件进行检验，并对工、量具进行合理保养和维护。

3. 能够根据三件套圆弧螺纹配合件的测量结果，分析误差产生的原因，并提出修改意见。

4. 能按检验室管理要求，正确放置检验用工、量具。

建议学时

10 学时

学习过程

一、自我评价

自我评价见表 3-20。

表 3-20　三件套圆弧螺纹配合件加工综合评价表

项目	序号	技术要求	配分	评分标准	检测记录	得分
机床操作（20%）	1	正确开启机床、检测	4	不正确、不合理无分		
	2	机床返回参考点	4	不正确、不合理无分		
	3	程序的输入及修改	4	不正确、不合理无分		
	4	程序空运行轨迹检查	4	不正确、不合理无分		
	5	对刀的方式、方法	4	不正确、不合理无分		
程序与工艺（20%）	6	程序格式规范	4	不合格每处扣 1 分		
	7	程序正确、完整	8	不合格每处扣 2 分		
	8	工艺合理	8	不合格每处扣 2 分		
零件质量（50%）	9	4mm	3	超差不得分		
	10	17mm	3	超差不得分		
	11	18mm	3	超差不得分		
	12	24.5mm	3	超差不得分		
	13	63mm	3	超差不得分		
	14	R1mm	3	超差不得分		
	15	R80mm	3	超差不得分		
	16	3mm×1.5mm	3	超差不得分		
	17	底宽 4mm	3	超差不得分		
	18	C1mm（四处）	3	错、漏不得分		
	19	ϕ18mm	2	超差不得分		
	20	ϕ32mm	2	超差不得分		
	21	ϕ34mm	2	超差不得分		
	22	ϕ36mm	2	超差不得分		
	23	ϕ38mm	3	超差不得分		
	24	M20×1.5	3	超差不得分		
	25	M20×1.5	3	超差不得分		
	26	$R_a3.2\mu m$	3			

续表

项目	序号	技术要求	配分	评分标准	检测记录	得分
安全文明生产(10%)	21	安全操作	5	不按安全操作规程操作全扣分		
	22	机床清理	5	不合格全扣分		
总配分			100			

二、展示评价（小组评价）

把个人制作好的三件套圆弧螺纹配合件进行分组展示，再由小组推荐代表做必要的介绍。在展示过程中，以组为单位进行评价。评价完后，根据其他组成员对本组展示成果的评价意见进行归纳总结，完成如下项目：

（1）展示的三件套圆弧螺纹配合件符合技术标准吗？

合格□　　不良□　　返修□　　报废□

（2）本小组介绍成果表达是否清晰？

很好□　　一般，常补充□　　不清晰□

（3）本小组演示的三件套圆弧螺纹配合件检测方法操作正确吗？

正确□　　部分正确□　　不正确□

（4）本小组演示操作时遵循了“7S”的工作要求吗？

符合工作要求□　　忽略了部分要求□　　完全没有遵循□

（5）本小组的检测量具、量仪保养完好吗？

很好□　　一般□　　不合要求□

（6）本小组的成员团队创新精神如何？

很好□　　一般□　　不足□

三、教师评价

教师对展示的作品分别作评价：

（1）找出各组的优点进行点评。

（2）对展示过程中各组的缺点进行点评，提出改进方法。

（3）对整个任务完成中出现的亮点和不足进行点评。

四、总结提升

1）根据三件套圆弧螺纹配合件加工质量及完成情况，分析三件套圆弧螺纹配合件编程与加工中的不合理处及其原因并提出改进意见，填入表 3-21 中。

表 3-21　三件套圆弧螺纹配合件加工不合理处及改进意见

序号	工作内容	不合理处	不合理原因	改进意见
1	零件工艺处理与编程			

续表

序号	工作内容	不合理处	不合理原因	改进意见
2	零件数控车加工			
3	零件质量			

2）试结合自身任务完成情况，通过交流讨论等方式按规范撰写本次任务的工作总结。

工作总结（心得体会）

评价与分析

表 3-22　学习任务三评价表

班级：　　　　　　　　学生姓名：　　　　　　　　学号：

项目	自我评价			小组评价			教师评价		
	10～9	8～6	5～1	10～9	8～6	5～1	10～9	8～6	5～1
	占总评 10%			占总评 30%			占总评 60%		
学习活动 1									
学习活动 2									
学习活动 3									
学习活动 4									
表达能力									
协作精神									
纪律观念									
工作态度									
分析能力									
操作规范性									
任务总体表现									
小计									
总评									

任课教师：　　　　　　　年　　月　　日

学习任务四　截止阀螺杆的数控车加工

学习目标

1. 能阅读生产任务单，明确工作任务，制订出合理的工作进度计划。
2. 能够根据截止阀螺杆实物，绘制出截止阀螺杆的零件图。
3. 截止阀螺杆基准（装配基准、设计基准等）的确定方法。
4. 掌握截止阀螺杆工艺、装配尺寸链的确定方法。
5. 能根据截止阀螺杆零件图样，制订数控车削加工工艺。
6. 能明确截止阀螺杆的功能作用。
7. 能对截止阀螺杆进行正确的测量，评估与判断零件质量是否合格，并提出改进措施。
8. 能按车间现场7S管理的要求，整理现场，保养设备并填写保养记录。

建议学时

50学时

学习过程

学习活动1　截止阀螺杆的加工工艺分析与编程

截止阀也是广泛使用的一种阀门，通常口径在100mm以下。它的工作原理与闸阀相近，只是关闭件（阀瓣）沿阀座中心线移动。它在管路中起关断作用，亦可粗略调节流量。截止阀的优点：制造容易，维修方便，结实耐用。截止阀中螺纹杆起开启及关闭阀门作用。

在各种机电产品中，螺纹的应用十分广泛。它主要用于连接各种机件，也可用来传递运动和载荷，如螺钉、螺母、螺杆、丝杠等。螺纹的分类方法很多，按螺纹的牙型可分为三角形、梯形、锯齿形、圆形等；按螺纹的外廓形状可分为圆柱螺纹和圆锥螺纹；按形成螺纹的螺旋线的条数可分为单线和多线螺纹，由一条螺旋线形成的螺纹叫单线螺纹，由两条或两条以上的轴向等距分布的螺旋线所形成的螺纹叫多线螺纹；按用途可分为连接螺纹和传动螺纹等。

高精度的螺纹轴零件加工时，需用数控车床加工螺纹，由数控系统控制螺距的大小和精度，从而简化了计算，并且螺距精度高且不会出现乱扣的现象，螺纹切削效率显著提高。专用数控螺纹切削刀具、较高的切削速度的选用，又进一步提高了螺纹的加工精度和表面质量。

一、生产任务单

（1）阅读生产任务单（见表 4-1）。

表 4-1　截止阀螺杆生产任务单

单位名称				完成时间		年　月　日
序号	产品名称	材料	生产数量	技术标准、质量要求		
1	截止阀螺杆	45 钢	30 件	按图样要求		
2						
3						
生产批准时间		年　月　日	批准人			
通知任务时间		年　月　日	发单人			
接单时间		年　月　日	接单人		生产班组	数控车工组

（2）查阅资料，从使用的特性考虑，说明实际生活中截止阀螺杆的用途。

（3）本生产任务工期为 20 天，试依据任务要求，制订合理的工作计划（见表 4-2），并根据小组成员的特点进行分工。

表 4-2　工作计划表

序号	工作内容	时间	成员	责任人
1	零件图绘制			
2	基准的确定			
3	工艺分析			
4	工艺尺寸链的确定			
5	数控车削加工			
6	加工工时的预估方法			
7	质量保证方法			
8	量具、量仪的使用及保养方法			
9	加工误差产生的原因			

二、根据截止阀螺杆实物，绘制零件图

零件图的绘制方法已在前面学习任务中介绍过，这里不再叙述。实物见图 4-1。

图 4-1　截止阀螺杆实物

三、根据截止阀螺杆图样，明确基准定位方法

图样如图 4-2 所示。

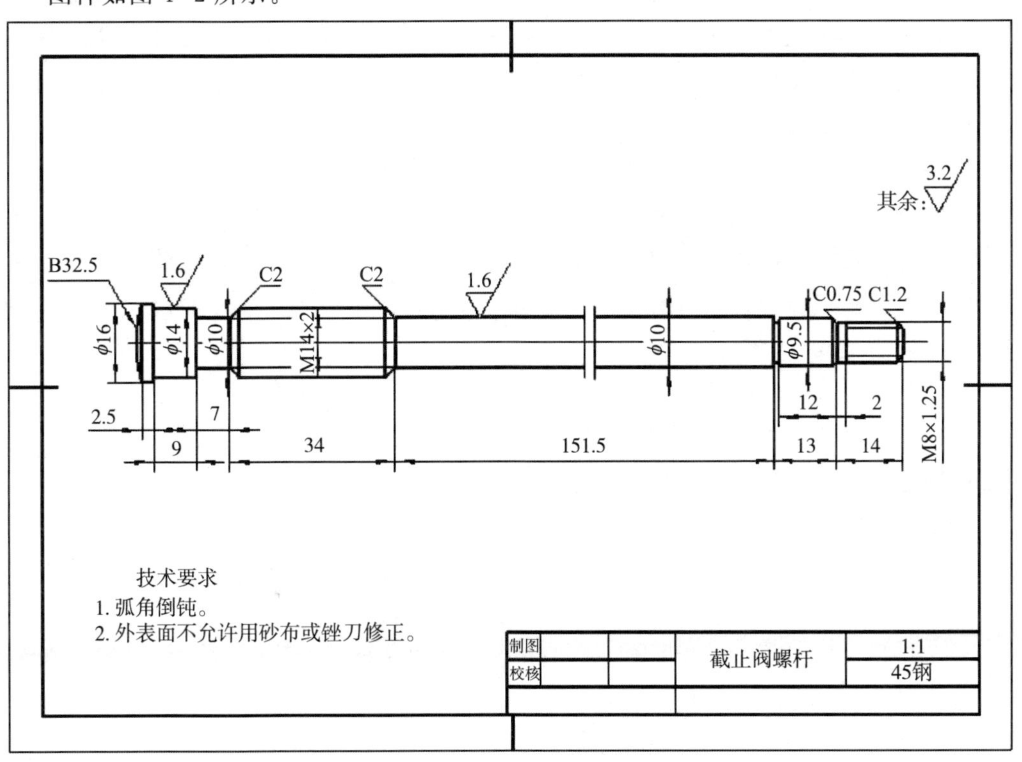

图 4-2　截止阀螺杆零件图样

根据定位基准选择原则，避免不重合误差，便于编程，以工序的设计基准作为定位基准。分析零件图纸结合相关数控加工方面的知识，该零件可以通过一次装夹多次走刀来达到加工要求。零件加工时，先以直径为 20mm 的外圆的轴线作为轴向定位基准，加工零件；然后一零件轴线作为轴向定位基准，以轴台的端面的中心作为该轴剩余工序的轴向定位基准，并且把编程原点选在设计基准上，如图 4-3所示。

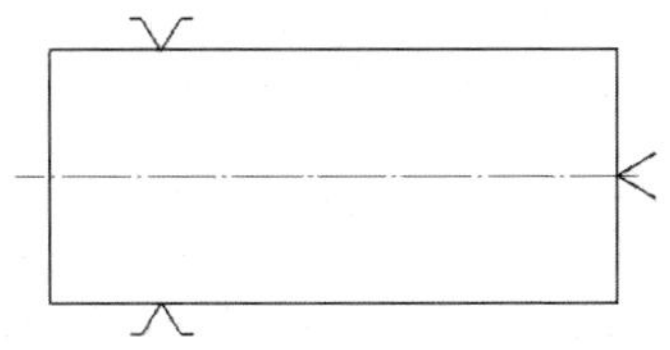

图 4-3　定位图

四、根据截止阀螺杆图样，确定该图样的装配尺寸链

1）装配尺寸链基本概念。

装配尺寸链是产品或部件在装配过程中，由相关零件的有关尺寸（表面或轴线间距离）或相互位置关系（平行度、垂直度或同轴度等）所组成的尺寸链。其基本特征是具有封闭性，即有一个封闭环和若干个组成环所构成的尺寸链呈封闭图形，装配尺寸链按照各环的几何特征和所处的空间位置大致可分为线性尺寸链、角度尺寸链、平面尺寸链和空间尺寸链。常见的是前两种。

2）装配尺寸链即线性尺寸链（直线尺寸链）的建立。

应用装配尺寸链分析和解决装配精度问题，首先是查明和建立尺寸链，即确定封闭环，并以封闭环为依据查明各组成环；然后确定保证装配精度的工艺方法和进行必要的计算。查明和建立装配尺寸链的步骤如下。

（1）确定封闭环。

在装配过程中，要求保证的装配精度就是封闭环。

（2）查明组成环，画装配尺寸链图。

从封闭环任意一端开始，沿着装配精度要求的位置方向，将与装配精度有关的各零件尺寸依次首尾相连，直到封闭环另一端相接为止，形成一个封闭形的尺寸图，图上的各个尺寸即是组成环。

（3）判别组成环的性质。

画出装配尺寸链图后，按定义判别组成环的性质即增环、减环。在建立装配尺寸链时，除满足封闭性，相关性原则外，还应符合下列要求。

①组成环数最少原则。

从工艺角度出发，在结构已经确定的情况下，标注零件尺寸时，应使一个零件仅有一个尺寸进入尺寸链，即组成环数目等于有关零件数目。

②按封闭环的不同位置和方向，分别建立装配尺寸链。

例如，常见的蜗杆副结构，为保证正常啮合，蜗杆副两轴线的距离（啮合间隙），蜗杆轴线与蜗轮中间平面的对称度均有一定要求，这是两个不同位置方向的装配精度，因此需要在两个不同方向分别建立装配尺寸链。

五、数控车削加工工艺分析

一名合格的数控车床操作工首先必须是一名合格的工序员，全面掌握数控车削加工的工艺知识对数控编程和操作技能有极大的帮助。本次学习任务是截止阀螺杆的加工，通过本次任务学习将全面掌握细长轴、三角螺纹的数控加工工艺的主要内容及加工工艺规程的制订、对刀操作及刀具和夹具选择等相关知识。

六、截止阀螺杆数控车削加工工艺分析

图 4-4 是截止阀螺杆数控加工时的走刀轨迹，毛坯直径 ϕ20mm×240mm，材料为 45 钢，所用数控车床为 CK6136A，其数控车削加工工艺分析如下。

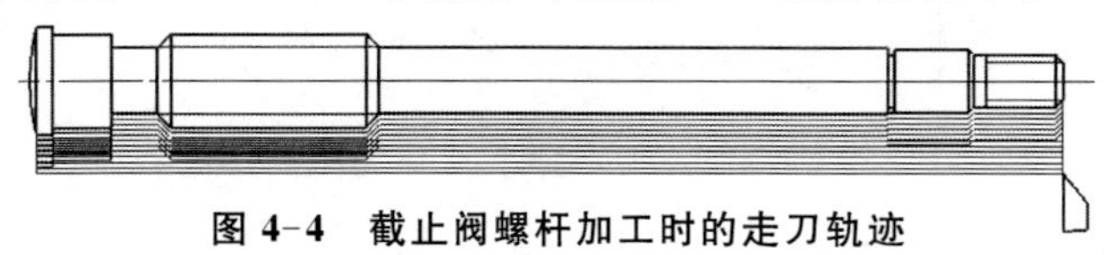

图 4-4　截止阀螺杆加工时的走刀轨迹

1. 零件图工艺分析

该零件表面由圆柱、倒角、圆弧、螺纹等组成。该零件长径比较大，属于细长轴范畴，加工刚性差，易变形，加工时要应用中心架、跟刀架等，装夹时采用一顶一夹的装夹方法。

通过上述分析，采取以下几点工艺措施。

1）细长轴的定义。

工件的长度与直径之比（L/D）大于 25 倍的轴类零件称为细长轴，如车床上的三杠等。

2）细长轴加工的工艺特点。

（1）细长轴工件的刚性较差，当受到切削力、自重和离心力时，会产生弯曲、振动等，严重影响零件的加工精度和表面粗糙度。

（2）工件在切削过程中受热伸长，容易产生弯曲变形，车削加工很难进行。

（3）加工细长轴时，容易产生锥度、腰鼓形、竹节形和振动波纹等问题。

3）装夹细长轴的辅助工具。

（1）数控自动定心中心架。

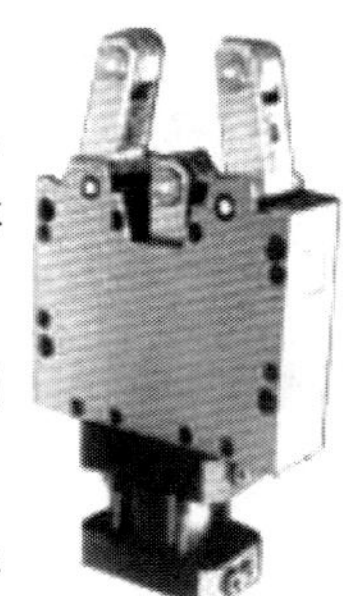

图 4-5　数控中心架

中心架是数控车床上用来夹持细长轴类零件的配套附件（见图 4-5），通过直角弯板可以安装在床身上夹持细长轴类零件的中部适当位置，能够有效防止被加工零件的受力变形。中心架的使用主要有三种方式。

①中心架直接安装在工件的中间。在安装之前，必须在工件毛坯中间车一段安装中心架卡爪的沟槽。这样，细长轴的刚性可以增加好几倍。

②用过渡套安装中心架。过渡套的两端各装有四个螺钉，用来夹住毛坯工件，然后用百分表校正。

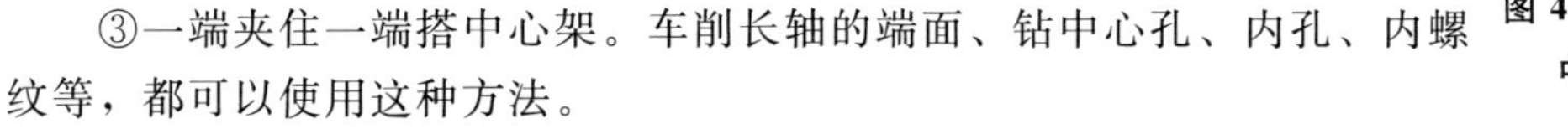

③一端夹住一端搭中心架。车削长轴的端面、钻中心孔、内孔、内螺纹等，都可以使用这种方法。

（2）数控跟刀架。

在数控车床上加装跟刀装置来辅助夹持工件，跟刀架与车刀同步运动，并始终在与切削点保持一个相对固定距离处支撑工件，以增强细长轴的刚性，提高尺寸精度，降低表面粗糙度，提高零件的加工质量。跟刀架分为两爪和三爪跟刀架两种（见图 4-6），加工细长轴时，一般都采用三爪跟刀架，以防止弯曲变形。

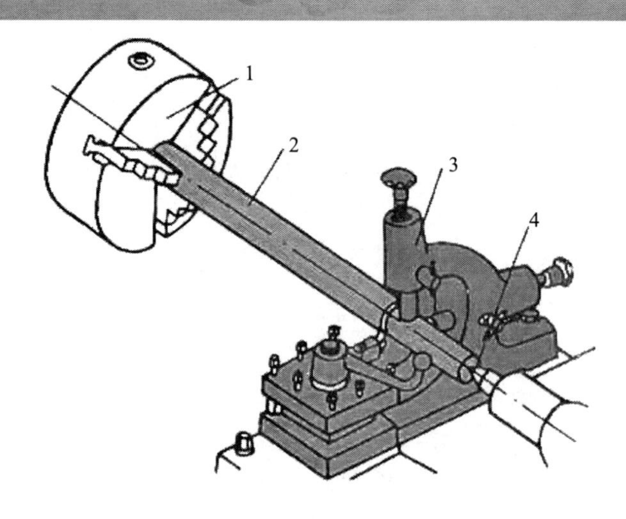

图 4-6　三爪跟刀架使用示意图

使用跟刀架时要注意卡爪与工件的接触压力不宜过大，如果压力过大，会把工件车成竹节形。如果跟刀架的卡爪压力过小，甚至没有接触，那就起不到跟刀架的作用了。因此，在调整跟刀架的卡爪压力时，要特别小心，一定要适中。当卡爪在加工过程中磨损以后，应及时调整。

（3）弹性活顶尖。

车削细长轴时，因切削热传导给工件，使工件温度升高。工件就开始伸长变形（热变形），若使用一般顶尖会产生弯曲变形。必须使用弹性活顶尖，以补偿工件的热变形。如图 4-7 和图 4-8 所示，当工件热变形伸长时，工件推动顶尖的蝶形弹簧压缩变形，顶尖就会缩进去，可以有效地补偿工件的热变形伸长，使切削顺利进行。

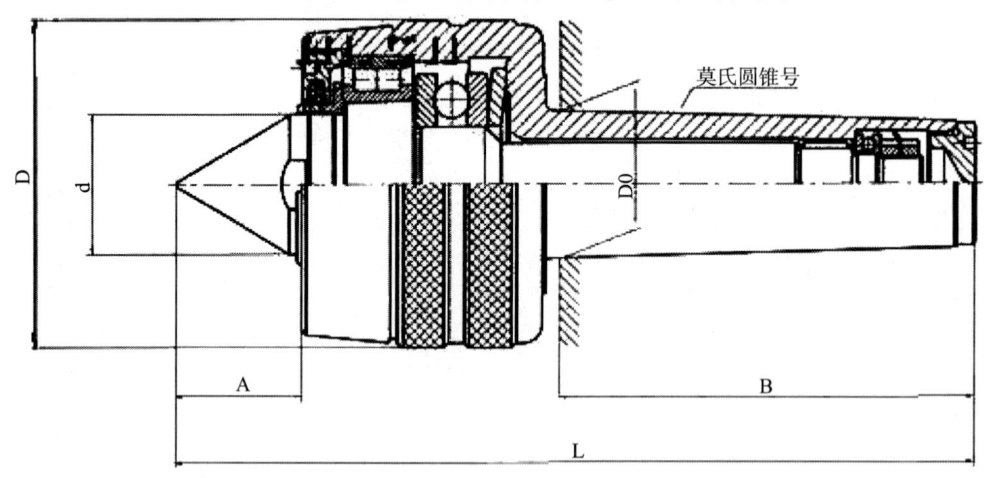

图 4-7　弹性活顶尖示意图

4）车刀的选择。

（1）为了减少径向分力，减小细长轴的弯曲，车刀主偏角取 $\Phi=85^{\circ}\sim93^{\circ}$。

（2）为减小切削力，应取较大的前角 $r=15^{\circ}\sim30^{\circ}$。

图 4-8　弹性活顶尖实物

（3）选择正的刃倾角，$\lambda=3^{\circ}\sim10^{\circ}$。

（4）切削刃的表面粗糙度要小，并保持车刀锋利。

（5）车刀的刀尖圆弧半径要较小，倒棱宽度也要较小。

5）先粗车掉大部分余量，在粗车时不要产生“过切”现象，粗车的同时为精加工留一定的余量。粗车最后一刀时按照轮廓轨迹走一刀，为精加工留下均匀的余量。

6）精车到图纸尺寸。精车时，采用一次性走刀将零件轮廓加工完整。为保证工件轮廓表面加工后的粗糙度要求，精加工时，最终轮廓应安排在最后一次走刀连续加工出来。刀具的进退刀路线要认真考虑，以尽量减少在轮廓处停刀，以避免切削力（大小、方向）突然变化造成弹性变形而留下刀痕。一般应沿着零件表面的切向切入和切出，尽量避免沿工件轮廓面垂直方向进、退刀而划伤工件。

7）为便于装夹，毛坯左端应预先车出夹持部分，右端面也应先粗车，以充分保证同轴度。

8）先加工右端螺纹部分，然后掉头第二次装夹，在加工左端部分，装夹时要保护好已加工表面。

2. 确定装夹方案

给出的材料长度为240mm，非常长，轴径又非常小，属于细长轴加工。所以需要采用一夹一顶的方式加工，而且必须使用弹性活顶尖，其装夹图如图4-9所示。

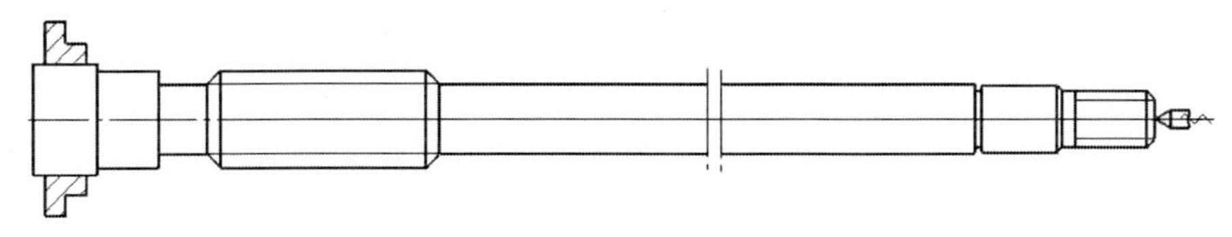

图4-9　装夹图

3. 确定加工顺序及进给路线

加工顺序按由粗到精、由近到远（由右到左）原则确定。即先从右到左进行粗车（留0.5mm精车余量），然后从右到左进行精车，最后进行切断。

CK6136A型数控车床具有粗车循环功能，只要正确使用编程指令，机床数控系统就会自行确定其进给路线，因此该零件的粗车循环不需要人为确定其进给路线。但精车的进给路线需要人为确定，该零件从右到左沿零件表面轮廓进给，如图4-10所示。

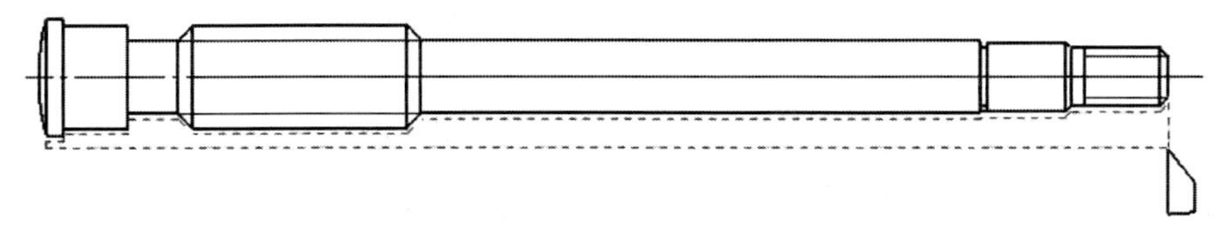

图4-10　截止阀螺杆精车轮廓进给路线

4. 数控车削刀具的选择

在数控车床加工中，产品质量和劳动生产率在相当大的程度上，都受到刀具上的制约，虽然其车刀的切削原理与普通车床基本相同。但由于数控车床加工的特性，在刀具的选择上，特别是切削部分的几何参数、刀具的形状上尚需进行特别的处理，才能满足数控车床的加工要求，充分发挥数控车床的效益。

本零件所选刀具如下：

①粗车时为防止副后刀面与工件轮廓干涉（可用作图法检验），副偏角不宜太小，选 $k_r=35°$。

②为减少刀具数量和换刀次数，精车也选用 35°菱形刀，刀尖圆弧半径应小于轮廓最小圆角半径，取 $r_\varepsilon=0.15\sim0.4$mm。工件掉头后采用 93°车刀进行粗、精加工。

③零件图样中有一处宽 1mm、深 0.25mm 的槽，可用 35°菱形刀处理即可。

④零件图样中有两处三角螺纹，可采用 60°外螺纹刀进行加工。

⑤切断选刀宽为 4mm 的机卡切断刀进行切断。

将所定的刀具参数填入表 4-3 中，以便于编程和操作管理。

表 4-3 数控加工刀具卡片

<table>
<tr><td colspan="2">产品名称或代号</td><td colspan="2">配合件数控加工</td><td>零件名称</td><td colspan="2">截止阀螺杆</td><td>零件图号</td><td>MDJJSXY-04</td></tr>
<tr><td>刀具号</td><td colspan="3">刀具名称</td><td>数量</td><td colspan="2">加工内容</td><td>刀尖半径/mm</td><td>刀具规格/mm×mm</td></tr>
<tr><td>T01</td><td colspan="3">35°菱形刀</td><td>1</td><td colspan="2">粗车轮廓</td><td>0.8</td><td>20×20</td></tr>
<tr><td>T01</td><td colspan="3">35°菱形刀</td><td>1</td><td colspan="2">精车轮廓</td><td>0.4</td><td>20×20</td></tr>
<tr><td>T02</td><td colspan="3">60°外螺纹刀</td><td>1</td><td colspan="2">螺纹加工</td><td></td><td>20×20</td></tr>
<tr><td>T03</td><td colspan="3">93°外圆刀</td><td>1</td><td colspan="2">圆弧和外圆</td><td>0.8</td><td>20×20</td></tr>
<tr><td>T04</td><td colspan="3">切断刀</td><td>1</td><td colspan="2">切断</td><td></td><td>20×20</td></tr>
<tr><td>编制</td><td colspan="2"></td><td>审核</td><td></td><td>批准</td><td></td><td>第 页</td><td>共 页</td></tr>
</table>

5. 切削用量的选择

(1) 本次零件加工粗车循环时 $a_p=2$mm，精车 $a_p=0.25$mm。

(2) 本次零件加工粗车 $n=1000$r/min，精车 $n=1600$r/min。加工螺纹时的转速为 $n=1000$r/min。

(3) 本次零件加工粗车、精车进给量 f 分别为 0.3mm/r 和 0.1mm/r，进给速度分别为 200mm/min 和 100mm/min。

将前面分析的各项内容综合成表 4-4。

表 4-4 截止阀螺杆数控加工工艺卡

<table>
<tr><td rowspan="2">单位名称</td><td rowspan="2">牡丹江技师学院</td><td colspan="2">产品名称</td><td colspan="3">配合件数控加工</td><td>图号</td><td>MDJJSXY—02</td></tr>
<tr><td colspan="2">零件名称</td><td colspan="2">截止阀螺杆</td><td>数量</td><td>30</td><td>第 页</td></tr>
<tr><td>材料种类</td><td>碳钢</td><td>材料牌号</td><td>45 钢</td><td colspan="2">毛坯尺寸</td><td colspan="2">ϕ20mm×240mm</td><td>共 页</td></tr>
<tr><td rowspan="2">工序号</td><td rowspan="2">工序内容</td><td rowspan="2">车间</td><td rowspan="2">设备</td><td colspan="3">工具</td><td rowspan="2">计划工时</td><td rowspan="2">实际工时</td></tr>
<tr><td>夹具</td><td>量具</td><td>刃具</td></tr>
<tr><td>1</td><td>粗车轮廓</td><td>数控车间</td><td>CK6136A</td><td>三爪自定心卡盘</td><td>千分尺
游标卡尺</td><td>35°菱形刀</td><td></td><td></td></tr>
<tr><td>2</td><td>精车轮廓</td><td>数控车间</td><td>CK6136A</td><td>三爪自定心卡盘</td><td>千分尺
游标卡尺</td><td>35°菱形刀</td><td></td><td></td></tr>
</table>

续表

<table>
<tr><td rowspan="2">单位名称</td><td rowspan="2">牡丹江技师学院</td><td colspan="2">产品名称</td><td colspan="3">配合件数控加工</td><td>图号</td><td>MDJJSXY-02</td></tr>
<tr><td colspan="2">零件名称</td><td colspan="2">截止阀螺杆</td><td>数量</td><td>30</td><td>第　页</td></tr>
<tr><td>材料种类</td><td>碳钢</td><td>材料牌号</td><td>45 钢</td><td colspan="2">毛坯尺寸</td><td colspan="2">φ20mm×240mm</td><td>共　页</td></tr>
<tr><td rowspan="2">工序号</td><td rowspan="2">工序内容</td><td rowspan="2">车间</td><td rowspan="2">设备</td><td colspan="3">工具</td><td rowspan="2">计划工时</td><td rowspan="2">实际工时</td></tr>
<tr><td>夹具</td><td>量具</td><td>刃具</td></tr>
<tr><td>3</td><td>螺纹加工</td><td>数控车间</td><td>CK6136A</td><td>三爪自定心卡盘</td><td>千分尺
游标卡尺</td><td>60°外螺纹刀</td><td></td><td></td></tr>
<tr><td>4</td><td>圆弧和外圆</td><td>数控车间</td><td>CK6136A</td><td>三爪自定心卡盘</td><td>千分尺
游标卡尺</td><td>93°外圆刀</td><td></td><td></td></tr>
<tr><td>5</td><td>切断</td><td>数控车间</td><td>CK6136A</td><td>三爪自定心卡盘</td><td>千分尺
游标卡尺</td><td>切断刀</td><td></td><td></td></tr>
<tr><td>6</td><td></td><td></td><td></td><td></td><td></td><td></td><td></td><td></td></tr>
<tr><td>7</td><td></td><td></td><td></td><td></td><td></td><td></td><td></td><td></td></tr>
<tr><td>更改号</td><td></td><td colspan="2">拟定</td><td colspan="2">校正</td><td colspan="2">审核</td><td>批准</td></tr>
<tr><td>更改者</td><td></td><td colspan="2"></td><td colspan="2"></td><td colspan="2"></td><td></td></tr>
<tr><td>日期</td><td></td><td colspan="2"></td><td colspan="2"></td><td colspan="2"></td><td></td></tr>
</table>

七、编制程序

（1）根据零件图样确定编程原点并在图中标出。如图 4-11 所示。

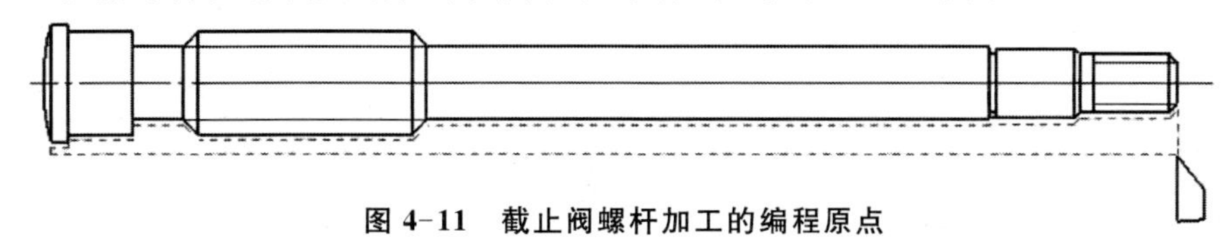

图 4-11　截止阀螺杆加工的编程原点

（2）数控编程的种类。

数控编程有三种方法，即手工编程、自动编程和计算机辅助编程，采用哪种编程方法应视零件的难易程度而定。

（3）根据零件图样及加工工艺，结合所学数控系统，归纳出截止阀螺杆加工用到的编程指令（包括 G 代码指令和辅助指令，见表 4-5）。

表 4-5　截止阀螺杆加工用到的编程指令

序号	选择的指令	指令格式
1	G00	G00　X＿Z＿；
2	G01	G01　X＿Z＿F＿；
3	G02	G02　X＿Z＿R＿；
4	G03	G03　X＿Z＿R＿；
5	G73	G73U（Δi）　W（Δk）　R（Δd） G73P（ns）　Q（nf）　U（Δu）　W（Δw）　F××S××T××
6	G71	G71　U（Δd）　R（e） G71　P（ns）　Q（nf）　U（Δu）　W（Δw）　F××
7	G76	G76　P（m）（r）（α）　Q（Δdmin）　R（d） G76　X（U）＿Z（W）＿R（i）　P（k）　Q（Δd）　F＿
8	M 功能	M××
9	T 功能	T××××
10	S 功能	S××××
11	F 功能	F××××

为了保证零件的加工精度，在加工过程中应多次进行测量，试考虑在程序中如何实现这一环节。

（4）根据零件加工步骤及工艺分析，完成截止阀螺杆数控加工程序的编制。

①截止阀螺杆左端加工程序（见表 4-6）。

表 4-6　截止阀螺杆左端加工程序

程序段号	截止阀螺杆（左端）	O0001；
	加工程序	程序说明
N10	T0101	35°菱形刀
N20	G00X100Z100M03S1000	
N30	G00X25Z3	
N40	G73U8R8	
N50	G73P1Q2U0.5F0.3	
N60	N1G00X5.6	
N70	G01　Z0	

续表

程序段号	截止阀螺杆（左端）	O0001；
	加工程序	程序说明
N80	G01X8Z－1.2	
N90	Z－14	
N100	X8	
N110	X9.5Z－14.75	
N120	Z－27	
N130	X10	
N140	Z－178.5	
N150	X14Z－180.5	
N160	Z－210.5	
N170	G01X10Z－212.5	
N180	G01Z－219.5	
N190	X14	
N200	G01　Z－228.5	
N210	X16	
N220	Z－234	
N230	N2X30	
N240	G70P1Q2S1600F0.1	精车
N250	G00X100Z100	
N260	T0202	60°外螺纹刀
N270	G00X10Z3S1100	
N280	G76P061060Q100R0.1	
N290	G76X6.38Z－12P813Q300F1.25	
N300	G00X15	
	Z－174.5	
	G76P061060Q100R0.1	
	G76X6.38Z－12P813Q300F1.25	
	G00X30	
	G00X100Z100	
	M30	

②截止阀螺杆右端加工程序（见表 4-7）。

表 4-7　截止阀螺杆右端加工程序

程序段号	截止阀螺杆（右端）	O0001：
	加工程序	程序说明
N10	T0303	93°外圆刀（工件掉头加工右端）
N20	G00X100Z100M03S1000	
N30	G00X25Z3	
N40	G71U1R0.5	
N50	G71P1Q2U0.5F0.3	
N60	N1G00X0	
N70	G01　Z0	
N80	G03X16Z－1R32.5	
N90	G01　　Z－5	
N100	N2X25	
N110	G70P1Q2S1600F0.1	
N120	G00X100Z100	
N130	M30	

学习活动 2　截止阀螺杆的数控车加工

学习目标

1. 能根据截止阀螺杆的零件图样，确定符合加工要求的工、量、夹具及辅件。
2. 能按图样要求，测量毛坯尺寸，判断毛坯是否有足够的加工余量。
3. 能正确装夹工件，并对其进行找正。
4. 能正确选择本次任务所需的切削液。
5. 能在截止阀螺杆加工过程中，严格按照数控车床操作规程操作机床。
6. 能合理制订截止阀螺杆加工工时的预估方法。
7. 掌握截止阀螺杆数控车削加工及质量保证方法。
8. 能较好掌握截止阀螺杆相关量具、量仪的使用及保养方法。
9. 能较好分析截止阀螺杆加工误差产生的原因。

建议学时

30 学时

学习过程

一、加工准备

1）领取工具、量具、刃具。

填写表 4-8 工具、量具、刃具清单，并领取工具、量具、刃具。

表 4-8　工具、量具、刃具清单

序号	名称	规格	数量	备注
1	外径千分尺	0～25mm	1	
2	游标卡尺	0～150mm	1	
3	磁力表座		1	
4	百分表		1	
5	35°菱形刀	MVJNR2020K16	1	
6	切断刀	ZQS2020R－4018K－K	1	
7	93°外圆刀	MWLNR2020K08	1	

续表

序号	名称	规格	数量	备注
8	60°外螺纹刀	SER2020K16T	1	
9	铜皮、铜棒		自定	
10	毛刷、棉纱		各 1	
11	套筒扳手、套筒		各 1	
12	刀架扳手		1	
13	卡盘扳手		1	
14	钢直尺	150mm	1	

2）领取毛坯料。

填写领料单，领取毛坯料，并测量毛坯外形尺寸，判断毛坯是否有足够的加工余量。

二、零件加工

1）记录程序输入时产生的报警号，并说明产生报警的原因及解决办法。

表 4-9　程序输入时产生的报警记录

报警号	报警内容	报警原因	解决办法

2）自动加工。

（1）为了保证零件加工精度，在粗加工后检测零件各部分的尺寸，记录并确定补偿值（见表 4-10）。

表 4-10　零件检测记录表

序号	直径测量数据	补偿数据（X 轴磨耗）	长度测量数据	补偿数据（Z 轴磨耗）

（2）加工中注意观察刀具切削情况，记录加工中不合理的因素（例如，切削用量、加工路径是否合理，刀具是否有干涉），以便于纠正，提高工作效率（见表 4-11）。

表 4-11　截止阀螺杆加工中遇到的问题

问题	产生原因	预防措施或改进办法

3）案例分析：用 35°菱形刀车削外圆时，发现铁屑缠绕工件。试分析如不采取措施，将会出现什么样的后果？应采取什么措施来避免铁屑缠绕工件？

4）案例分析：在加工完截止阀螺杆上的螺纹时，发现螺纹牙型不对，试分析产生的原因并提出解决方法。

三、保养机床、清理场地

加工完毕后，按照图样要求进行自检，正确放置零件，并进行产品交接确认；按照国家环保相关规定和车间要求整理现场，清扫切屑，保养机床，并正确处置废油液等废弃物；按车间规定填写交接班记录和设备日常保养记录卡（见表 4-12）。

表 4-12　设备日常保养记录卡

设备名称：　　设备编号：　　使用部门：　　保养年月：　　存档编码：

保养内容＼日期	1	2	3	4	5	6	7	8	9	10	11	12	13	14	15	16	17	18	19	20	21	22	23	24	25	26	27	28	29	30	31
环境卫生																															
机身整洁																															
加油润滑																															
工具整齐																															
电气损坏																															
机械损坏																															
保养人																															
机械异常备注																															

审核人：　　　　　　　　　　　　　　　　　　　　　　年　月　日

注：保养后，用“√”表示日保；“△”表示月保；“Y”表示一级保养；“X”表示有损坏或异常现象，应在“机械异常备注”栏给予记录。

学习活动 3　截止阀螺杆的检验与质量分析

学习目标

1. 能够根据截止阀螺杆实物，合理选择检验工具和量具，确定检测方法。

2. 能正确规范地使用工、量具对截止阀螺杆进行检验，并对工、量具进行合理保养和维护。

3. 能够根据截止阀螺杆的测量结果，分析误差产生的原因，并提出修改意见。

4. 能按检验室管理要求，正确放置检验用工、量具。

建议学时

10 学时

学习过程

一、明确测量要素，领取检测用工、量具

1）截止阀螺杆上有哪些要素需要测量？

2）根据截止阀螺杆需要测量的要素，写出检测截止阀螺杆所需的工具、量具，并填入表 4-13 中。

表 4-13　检测截止阀螺杆所需的工具、量具

序号	名称	规格（精度）	检测内容	备注
1	千分尺	0～25mm	直径尺寸	
2	游标卡尺	0～150mm	长度尺寸	
3	三坐标测量仪		直径、长度、圆弧尺寸	
4	锥度塞尺		锥度尺寸	
5	万能角度尺		锥度尺寸	
6	螺纹千分尺		螺纹尺寸	
7	三针测量法		螺纹尺寸	
8	螺纹环规		螺纹尺寸	

3）螺纹加工。

螺纹切削一般有两种进刀方式：如图 4-12（a）所示是直进法，另一种是斜进法，如

图 4-12（b）所示。当螺纹牙型深度、螺距较大时，可分数次进给。切深的分配方法有常量式和递减式。

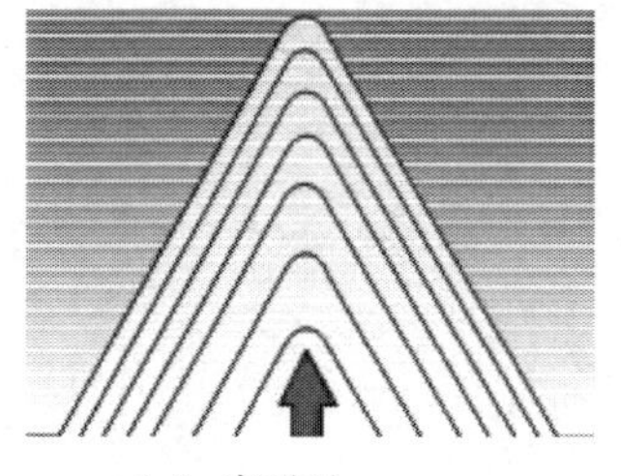
（a）直进法

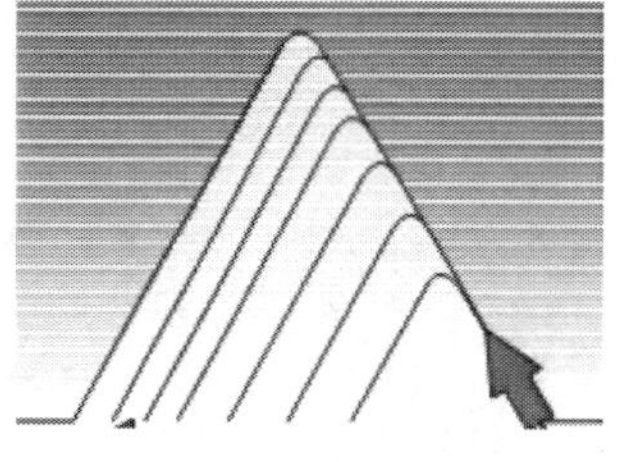
（b）斜进法

图 4-12　螺纹切削的进刀方式

（1）直进法。加工螺纹时，每次车削只有 X 方向进刀，螺纹车刀的左右切削刃同时参与切削的方法称为直进法，直进法编程比较简单，可以获得比较正确的牙型，常用于螺距 P 小于 2 和脆性材料的螺纹加工。

（2）斜进法车削螺距较大的螺纹时，由于螺纹牙槽较深，为了粗车顺利，采用两轴同时进给的方法。

直进法车螺纹是两切削刃同时切削，左右切削法与斜进法车螺纹则是单刃切削，车削中不易扎刀，且可获得较小的表面粗糙度值。

4）螺纹车削注意事项。

（1）一般切削螺纹时，从粗车到精车，是按照同样的螺距进行的。当安装在主轴上的位置编码器检测出第一转信号后，便开始切削，因此，即使很多次切削，工件圆周上的切削起点仍保持不变。但是从粗车到精车，主轴的转速必须是一定的，否则，当主轴转速变化时，螺纹切削会产生乱牙现象。

（2）一般由于伺服系统的滞后，在螺纹切削的开始和结束部分，螺纹导程会出现不规则现象。为了考虑这部分的螺纹精度，在数控车床上切削螺纹时必须设置升速进刀段和降速退刀段。因此加工螺纹的实际长度除了螺纹有效长度 L 外，还应该包括升速段和降速段的长度，其数值与工件的螺距和转速有关，由各系统设定，一般大于一个导程。

5）三角螺纹的测量方法。

螺纹的中径、螺距和牙型半角（牙侧角）可以采用单项测量，也可以采用综合测量。前者是用各种测量器具分别检测中径、螺距和牙型半角的误差并判定其合格性；后者是用螺纹量规检查螺纹的作用中径、综合判定中径、螺距和牙型半角误差的合格性。各种工具螺纹多用单项测量，产品螺纹则多用综合测量。

（1）综合测量法。

如图 4-13 所示，采用标准螺纹环规检测螺纹尺寸是否符合要求。螺纹环规分为通规和止规，测量时要求通规能旋进，止规不能旋进即为合格。

图 4-13　螺纹环规

（2）螺纹千分尺及公法千分尺测量螺纹中径。

螺纹千分尺主要用于测量中等精度螺纹的中径。其基本结构和使用方法与外径千分尺相似，区别仅在于螺纹千分尺的活动量杆与固定量杆的端部各有一小孔，可以分别安装圆锥形和棱形的可换测量头，如图 4-14 所示。一对测量头只适用于一定的螺距和中径范围。为了适应测量不同螺距的螺纹的需要，螺纹千分尺附有一套可换测量头，并附有一个调整千分尺零位用的调整量棒。公法千分尺测量螺纹中径如图所示。

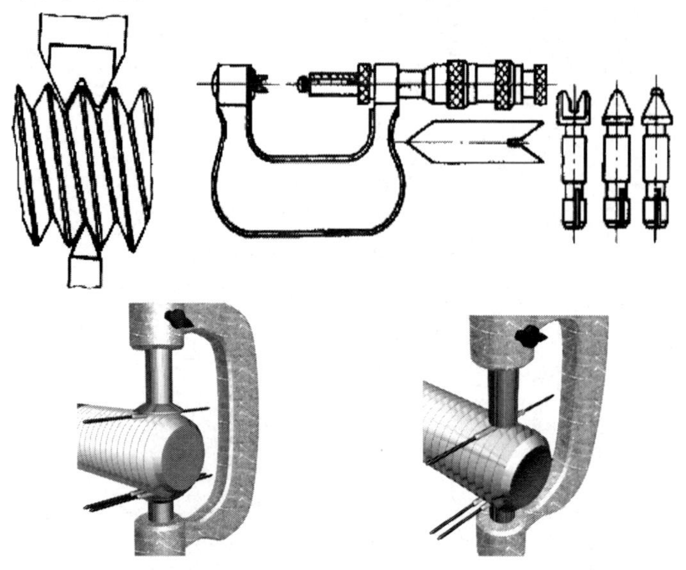

（a）螺纹千分尺测量螺纹中径　　（b）公法线千分尺测量螺纹中径

图 4-14　螺纹、公法线千分尺测螺纹中径示意图

（3）三针法测量外螺纹中径。

三针法是精密测量外螺纹中径的最常用的方法，它是用三根直径相等、高精度的圆柱（通称“量针”）放进被测螺纹对径位置上的三个牙槽内（如图 4-15 所示），再用与被测螺纹精度相适应的长度量仪，测量量针外侧表面间的距离 M，算出被测螺纹的实际中径。

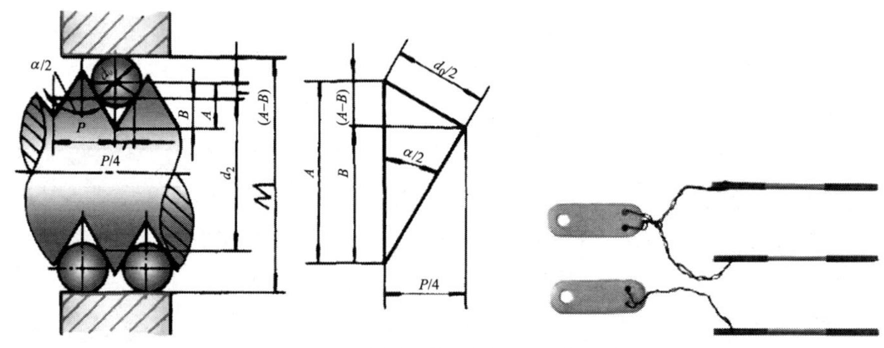

图 4-15　三针法测量外螺纹中径示意图

①基本计算公式。

用三针法测量螺纹中径属于间接测量法。

在实际应用中，可以将测得值 M 与其极限值比较以确定螺纹中径的合格性，也可以按公式算出中径 d_2，再与极限中径比较确定其合格性。

不同类型螺纹的中径计算公式列于表 4-14 中。

表 4-14　各种螺纹的中径计算公式

螺纹类型	牙型角	中径计算公式
普通螺纹	60°	$d_2=M-(3d_0-0.866P)$
英制普通螺纹	55°	$d_2=M-(3.1657d_0-0.9605P)$
梯形螺纹	30°	$d_2=M-(4.8637d_0-1.866P)$
模数梯形螺纹	40°	$d_2=M-(3.9238d_0-4.31576P)$

②量针直径和精度的选择。

用三针法测量螺纹中径，应正确选择量针的直径及其精度。为了避免被测螺纹的牙型半角误差对测量结果的影响，应使量针与牙型侧面在被测螺纹中径母线处相切，满足这一条件的量针直径称为“最佳针径”，可按下式计算：

$$d_0=P/2\cos(a/2)$$

实际上只要量针与牙型侧面的切点在中径圆柱母线上、下各 $H/8$ 的范围内（见图 4-16），牙型半角误差的影响即可忽略不计。

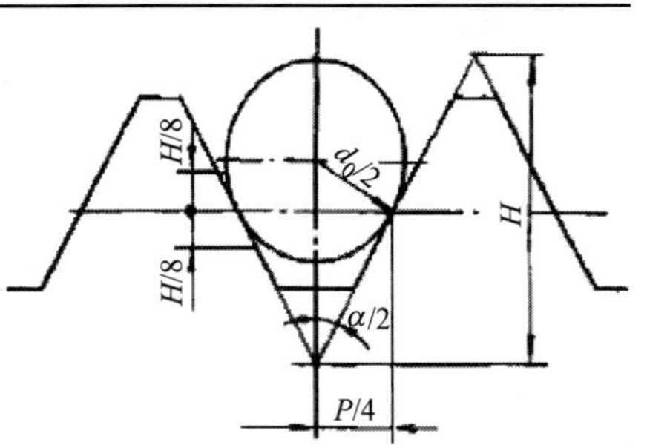

图 4-16　量针与牙型侧面的切点位置

最佳量针直径的简化算式列于表 4-15 中。

表 4-15　最佳量针直径

普通螺纹	普通英制螺纹	梯形螺纹	模数螺纹
$0.57735P$	$0.56370P$	$0.51765P$	$1.67161P$

（4）案例分析：在检测截止阀螺杆零件尺寸过程中，用到了几种检测方法？

二、检测零件，填写截止阀螺杆质量检验单

1）根据图样要求，自检截止阀螺杆零件，并完成零件质量检验单（见表 4-16）。

表 4-16　截止阀螺杆质量检验单

项目	序号	内容	检测结果	结论
长度	1	14mm		
	2	27mm		
	3	151.5mm		
	4	9mm		
圆弧	5	$R16$mm		
外圆	6	$\phi9.5$mm		
	7	$\phi10$mm		
	8	$\phi14$mm		
	9	$\phi16$mm		

续表

项目	序号	内容	检测结果	结论
倒角	10	$C0.75$mm		
	11	$C2$mm		
表面质量	12	$R_a3.2\mu m$		
截止阀螺杆检测结论				
产生不合格品的情况分析				

2）案例分析：利用圆弧样板检测截止阀螺杆零件圆弧尺寸 $R6$mm，发现接触面积偏小，试分析接触面积不合格的原因，并提出纠正方法。

三、提出工艺方案修改意见

对不合格项目进行分析（见表 4-17），小组讨论提出修改意见。

表 4-17　不合格项分析

不合格项目	产生原因	修改意见
尺寸不对		
圆弧曲线误差		
表面粗糙度达不到要求		

学习活动 4　工作总结与评价

学习目标

1. 能够根据截止阀螺杆实物，合理选择检验工具和量具，确定检测方法。

2. 能正确规范地使用工、量具对截止阀螺杆进行检验，并对工、量具进行合理保养和维护。

3. 能够根据截止阀螺杆的测量结果，分析误差产生的原因，并提出修改意见。

4. 能按检验室管理要求，正确放置检验用工具、量具。

建议学时

10 学时

学习过程

一、自我评价

自我评价见表 4-18。

表 4-18　截止阀螺杆加工综合评价表

项目	序号	技术要求	配分	评分标准	检测记录	得分
机床操作（20%）	1	正确开启机床、检测	4	不正确、不合理无分		
	2	机床返回参考点	4	不正确、不合理无分		
	3	程序的输入及修改	4	不正确、不合理无分		
	4	程序空运行轨迹检查	4	不正确、不合理无分		
	5	对刀的方式、方法	4	不正确、不合理无分		
程序与工艺（20%）	6	程序格式规范	4	不合格每处扣 1 分		
	7	程序正确、完整	8	不合格每处扣 2 分		
	8	工艺合理	8	不合格每处扣 2 分		

续表

项目	序号	技术要求	配分	评分标准	检测记录	得分
零件质量（50%）	9	14mm	4	超差不得分		
	10	27mm	4	超差不得分		
	11	151.5mm	4	超差不得分		
	12	9mm	4	超差不得分		
	13	R16mm	4	超差不得分		
	14	ϕ9.5mm	5	超差不得分		
	15	ϕ10mm	5	超差不得分		
	16	ϕ14mm	5	超差不得分		
	17	ϕ16mm	5	超差不得分		
	18	C0.75mm	3	超差不得分		
	19	C2mm	2			
	20	Ra3.2μm	5			
安全文明生产（10%）	21	安全操作	5	不按安全操作规程操作全扣分		
	22	机床清理	5	不合格全扣分		
总配分			100			

二、展示评价（小组评价）

把个人制作好的截止阀螺杆进行分组展示，再由小组推荐代表作必要的介绍。在展示过程中，以组为单位进行评价；评价完后，根据其他组成员对本组展示成果的评价意见进行归纳总结，完成如下项目：

（1）展示的截止阀螺杆符合技术标准吗？

合格□　　不良□　　返修□　　报废□

（2）本小组介绍成果表达是否清晰？

很好□　　一般，常补充□　　不清晰□

（3）本小组演示的截止阀螺杆检测方法操作正确吗？

正确□　　部分正确□　　不正确□

（4）本小组演示操作时遵循了“7S”的工作要求吗？

符合工作要求□　　忽略了部分要求□　　完全没有遵循□

（5）本小组的检测量具、量仪保养完好吗？

很好□　　一般□　　不合要求□

（6）本小组的成员团队创新精神如何？

很好□　　一般□　　不足□

三、教师评价

教师对展示的作品分别作评价：

（1）找出各组的优点进行点评。

（2）对展示过程中各组的缺点进行点评，提出改进方法。

（3）对整个任务完成中出现的亮点和不足进行点评。

四、总结提升

（1）根据截止阀螺杆加工质量及完成情况，分析截止阀螺杆编程与加工中的不合理处及其原因并提出改进意见，填入表4-19中。

表4-19　截止阀螺杆加工不合理处及改进意见

序号	工作内容	不合理处	不合理原因	改进意见
1	零件工艺处理与编程			
2	零件数控车加工			
3	零件质量			

（2）试结合自身任务完成情况，通过交流讨论等方式较全面规范撰写本次任务的工作总结。

工作总结（心得体会）

评价与分析

表 4-20　学习任务四评价表

班级：　　　　　　　　学生姓名：　　　　　　　　学号：

项目	自我评价			小组评价			教师评价		
	10～9	8～6	5～1	10～9	8～6	5～1	10～9	8～6	5～1
	占总评 10%			占总评 30%			占总评 60%		
学习活动 1									
学习活动 2									
学习活动 3									
学习活动 4									
表达能力									
协作精神									
纪律观念									
工作态度									
分析能力									
操作规范性									
任务总体表现									
小计									
总评									

任课教师：　　　　　　年　　月　　日

学习任务五　足球杯模型的数控车加工

学习目标

1. 能阅读生产任务单，明确工作任务，制订出合理的工作进度计划。
2. 能够根据足球杯模型实物，绘制出足球杯模型的零件图。
3. 掌握足球杯模型基准（装配基准、设计基准等）的确定方法。
4. 掌握足球杯模型工艺尺寸链的确定方法。
5. 能根据足球杯模型零件图样，制订数控车削加工工艺。
6. 能合理制订足球杯模型加工工时的预估方法。
7. 掌握足球杯模型上基点的计算方法。
8. 能较好掌握足球杯模型相关量具、量仪的使用及保养方法。
9. 能较好分析足球杯模型加工误差产生的原因。

建议学时

50 学时

学习过程

学习活动 1　足球杯模型的加工工艺分析与编程

一、生产任务单

（1）阅读生产任务单，见表 5-1 所示。

表 5-1　足球杯模型生产任务单

单位名称				完成时间		年　月　日
序号	产品名称	材料	生产数量	技术标准、质量要求		
1	足球杯模型	45 钢	30 件	按图样要求		
2						
3						

续表

单位名称				完成时间		年　月　日
序号	产品名称	材料	生产数量	技术标准、质量要求		
4						
生产批准时间		年　月　日	批准人			
通知任务时间		年　月　日	发单人			
接单时间		年　月　日	接单人		生产班组	数控车工组

（2）查阅资料，从工艺品的特性考虑，说明实际生活中足球杯模型的用途。

（3）本生产任务工期为 20 天，试依据任务要求，制订合理的工作计划（见表 5-2），并根据小组成员的特点进行分工。

表 5-2　工作计划表

序号	工作内容	时间	成员	责任人
1	零件图绘制			
2	基准的确定			
3	工艺分析			
4	工艺尺寸链的确定			
5	数控车削加工			
6	加工工时的预估方法			
7	基点的计算方法			
8	量具、量仪的使用及保养方法			
9	加工误差产生的原因			

二、根据足球杯模型实物，绘制零件图

零件图的绘制方法已在前面学习任务中介绍过，这里不再叙述。模型实物如图 5-1 所示。

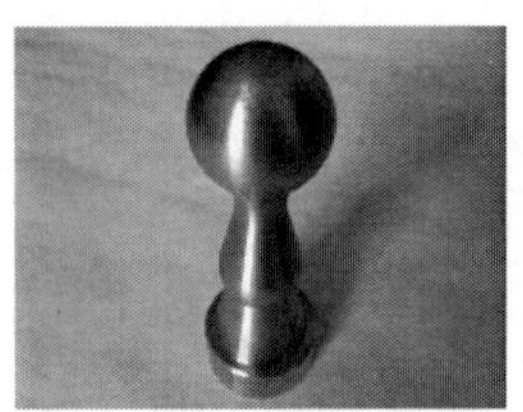

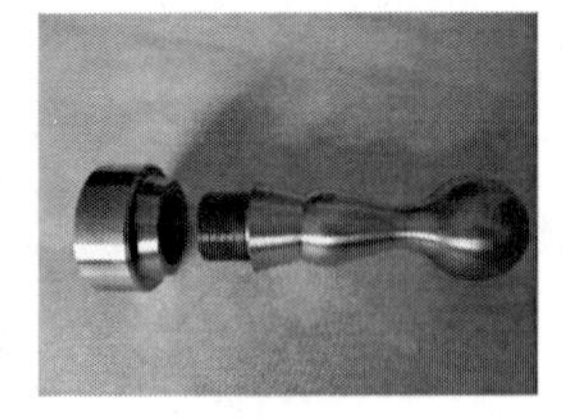

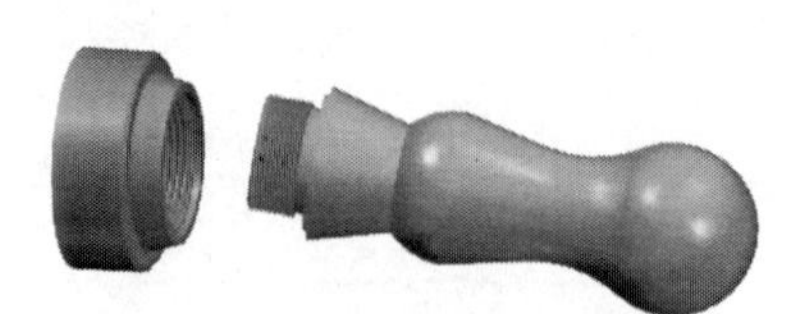

图 5-1　足球杯模型实物

三、根据足球杯模型图样，明确基准定位方法

根据定位基准选择原则，避免不重合误差，便于编程，以工序的设计基准作为定位基准。分析零件图纸结合相关数控加工方面的知识，该零件可以通过一次装夹多次走刀能够达到加工要求。零件加工时，先以直径为 20mm 的外圆的轴线作为轴向定位基准，加工零件；然后以零件轴线作为轴向定位基准，以轴台的端面的中心作为该轴剩余工序的轴向定位基准，并且把编程原点选在设计基准上（如图 5-2 所示）。

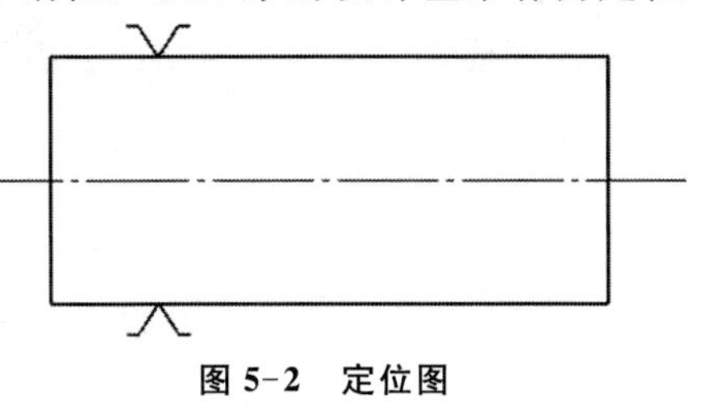

图 5-2　定位图

四、根据足球杯模型图样，确定该图样的工艺尺寸链

工艺尺寸链的内容已在前面学习任务中介绍过，这里不再叙述。

五、数控车削加工工艺分析

一名合格的数控车床操作工首先必须是一名合格的工序员，全面了解数控车削加工的工艺理论对数控编程和操作技能有极大的帮助。本学习任务是足球杯模型数控加工，主要解决的问题是杯体的图样设计，上面基点的计算方法以及零件的装夹、工艺路线的制订、工序与工步的划分、刀具的选择、切削用量的确定等数控车削工艺内容。

六、足球杯模型数控车削加工工艺分析

图 5-3 是足球杯模型零件图，毛坯直径为 ϕ60mm×180mm，ϕ60mm×40mm，共计两块，材料为 45 钢，所用数控车床为 CK6136A，其数控车削加工工艺分析如下。

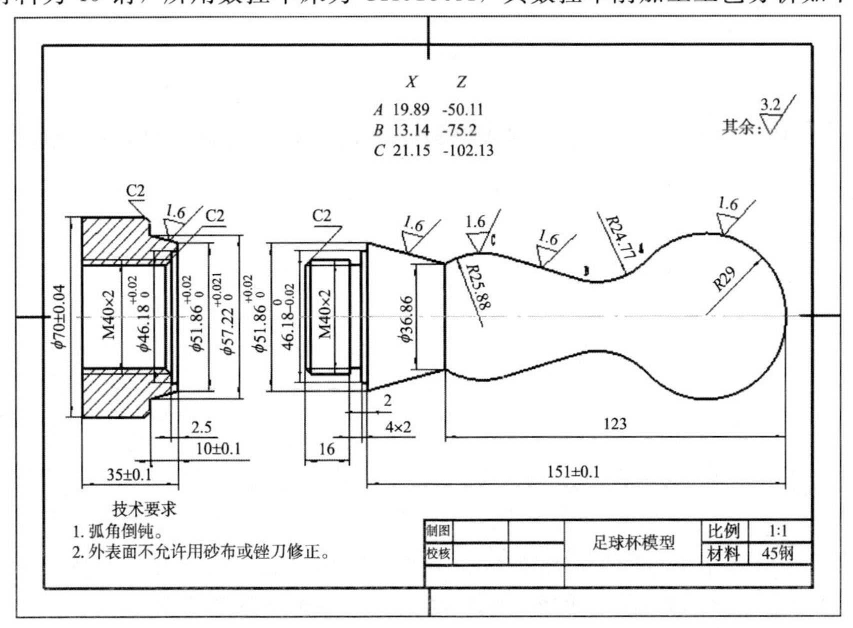

图 5-3　足球杯模型零件图

1. 零件图工艺分析

该零件表面由圆柱、圆锥、顺圆弧及逆圆弧、矩形槽、内外螺纹等组成。虽然尺寸精度没有作严格要求，但表面粗糙度有严格要求，个别表面粗糙度要达到 1.6。无热处理和硬度要求。从图纸给出的数据看，并不完整，在编写加工程序之前要将未知的数据计算出来。

通过上述分析，采取以下几点工艺措施。

(1) 在轮廓曲线上，有三处为过象限圆弧，其中两处为既过象限又改变进给方向的轮廓曲线，因此在加工时应进行机械间隙补偿，以保证轮廓曲线的准确性。

(2) 先粗车掉大部分余量，在粗车时不要产生“过切”现象，粗车的同时为精加工留一定的余量。粗车最后一刀时按照轮廓轨迹走一刀，为精加工留下均匀的余量。

(3) 精车到图纸尺寸。精车时，采用一次性走刀将零件轮廓加工完整。为保证工件轮廓表面加工后的粗糙度要求，精加工时，最终轮廓应安排在最后一次走刀连续加工出来。刀具的进退刀路线要认真考虑，以尽量减少在轮廓处停刀，以避免切削力（大小、方向）突然变化造成弹性变形而留下刀痕。一般应沿着零件表面的切向切入和切出，尽量避免沿工件轮廓面垂直方向进、退刀而划伤工件。

(4) 为便于装夹，毛坯左端应预先车出夹持部分，右端面也应先粗车，以充分保证同轴度。

(5) 进行切断。切断刀在对刀时，最好使用右刀尖对刀比较容易保证尺寸。

2. 确定装夹方案

由于给出的材料长度为 200mm，比较长，所以不需要采用一夹一顶的方式加工，只需要用三爪自定心卡盘夹持毛坯材料的一端即可。所以本零件选用三爪自定心卡盘作为夹具，其装夹如图 5-4 所示。

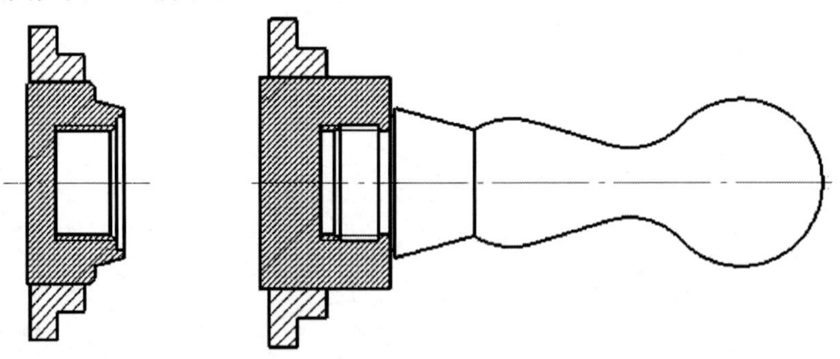

图 5-4　装夹图

3. 确定加工顺序及进给路线

加工顺序按由粗到精、由近到远（由右到左）原则确定。即先从右到左进行粗车（留 0.5mm 精车余量），然后从右到左进行精车，最后进行切断。

4. 数控车削刀具的选择

在数控车床加工中，产品质量和劳动生产率在相当大的程度上，都受到刀具上的制约，虽然其车刀的切削原理与普通车床基本相同。但由于数控车床加工的特性，在刀具的选择上，特别是切削部分的几何参数、刀具的形状上尚需进行特别的处理，才能满足数控车床的加工要求，充分发挥数控车床的效益。

本零件所选刀具如下：

(1) 粗车凹圆弧时为防止副后刀面与工件轮廓干涉（可用作图法检验），正、反偏刀副偏角都不宜太小，故选 $k_r'=35°$。

(2) 粗车外圆时选 93°外圆刀，粗车内孔时选内孔刀。

(3) 为减少刀具数量和换刀次数，粗、精车选用同一把刀，刀尖圆弧半径应小于轮廓最小圆角半径，取 $r_\varepsilon=0.15\sim0.4$mm。

(4) 加工外螺纹时选 60°外螺纹刀，加工内螺纹时选 60°内螺纹刀。

(5) 切槽和切断选刀宽为 4mm 的机卡切断刀进行切断。

将所定的刀具参数填入表 5-3 数控加工刀具卡片中，以便于编程和操作管理。

表 5-3 数控加工刀具卡片

<table>
<tr><td colspan="2">产品名称或代号</td><td colspan="2">配合件数控加工</td><td>零件名称</td><td colspan="2">足球杯模型</td><td>零件图号</td><td>MDJJSXY—05</td></tr>
<tr><td>刀具号</td><td colspan="3">刀具名称</td><td>数量</td><td colspan="2">加工内容</td><td>刀尖半径/mm</td><td>刀具规格/mm×mm</td></tr>
<tr><td>T01</td><td colspan="3">93°外圆刀</td><td>1</td><td colspan="2">粗、精车轮廓</td><td>0.8</td><td>20×20</td></tr>
<tr><td>T02</td><td colspan="3">35°菱形刀</td><td>1</td><td colspan="2">粗、精车凹圆弧轮廓</td><td>0.8</td><td>20×20</td></tr>
<tr><td>T03</td><td colspan="3">内孔刀</td><td>1</td><td colspan="2">粗、精车轮廓</td><td>0.8</td><td>20×20</td></tr>
<tr><td>T04</td><td colspan="3">60°外螺纹刀</td><td>1</td><td colspan="2">外螺纹</td><td>0.8</td><td>20×20</td></tr>
<tr><td>T05</td><td colspan="3">60°内螺纹刀</td><td>1</td><td colspan="2">内螺纹</td><td>0.8</td><td>20×20</td></tr>
<tr><td>T06</td><td colspan="3">切断刀</td><td>1</td><td colspan="2">切槽、切断</td><td></td><td>20×20</td></tr>
<tr><td>编制</td><td colspan="2"></td><td>审核</td><td></td><td>批准</td><td></td><td>第 页</td><td>共 页</td></tr>
</table>

5. 切削用量的选择

(1) 本次零件加工粗车循环时 $a_p=2$mm，精车 $a_p=0.25$mm。

(2) 本次零件加工粗车 $n=1000$r/min，精车 $n=1600$r/min。

(3) 本次零件加工粗车、精车进给量 f 分别为 0.3mm/r 和 0.1mm/r，进给速度分别为 200mm/min 和 100mm/min。

将前面分析的各项内容综合成表 5-4 所示的数控加工工艺卡片。

表 5-4 足球杯模型数控加工工艺卡

<table>
<tr><td rowspan="2">单位名称</td><td rowspan="2">牡丹江技师学院</td><td colspan="2">产品名称</td><td colspan="3">配合件数控加工</td><td>图号</td><td>MDJJSXY—05</td></tr>
<tr><td colspan="2">零件名称</td><td colspan="2">足球杯模型</td><td>数量</td><td>30</td><td>第 页</td></tr>
<tr><td>材料种类</td><td>碳钢</td><td>材料牌号</td><td>45 钢</td><td colspan="2">毛坯尺寸</td><td colspan="2">ϕ60mm×180mm</td><td>共 页</td></tr>
<tr><td rowspan="2">工序号</td><td rowspan="2">工序内容</td><td rowspan="2">车间</td><td rowspan="2">设备</td><td colspan="3">工具</td><td rowspan="2">计划工时</td><td rowspan="2">实际工时</td></tr>
<tr><td>夹具</td><td>量具</td><td>刃具</td></tr>
<tr><td>1</td><td>粗、精车外轮廓</td><td>数控车间</td><td>CK6136A</td><td>三爪自定心卡盘</td><td>千分尺游标卡尺</td><td>93°外圆刀</td><td></td><td></td></tr>
</table>

续表

工序号	工序内容	车间	设备	工具			计划工时	实际工时
				夹具	量具	刃具		
2	粗、精车凹圆弧轮廓	数控车间	CK6136A	三爪自定心卡盘	千分尺游标卡尺	35°菱形刀		
3	粗、精车内轮廓	数控车间	CK6136A	三爪自定心卡盘	千分尺游标卡尺	内孔刀		
4	外螺纹	数控车间	CK6136A	三爪自定心卡盘	螺纹环规	60°外螺纹刀		
5	内螺纹	数控车间	CK6136A	三爪自定心卡盘	螺纹环规	60°内螺纹刀		
6	切槽、切断	数控车间	CK6136A	三爪自定心卡盘	千分尺游标卡尺	切断刀		
更改号		拟定		校正		审核		批准
更改者								
日期								

七、编制程序

1）根据零件图样确定编程原点并在图5-5中标出。

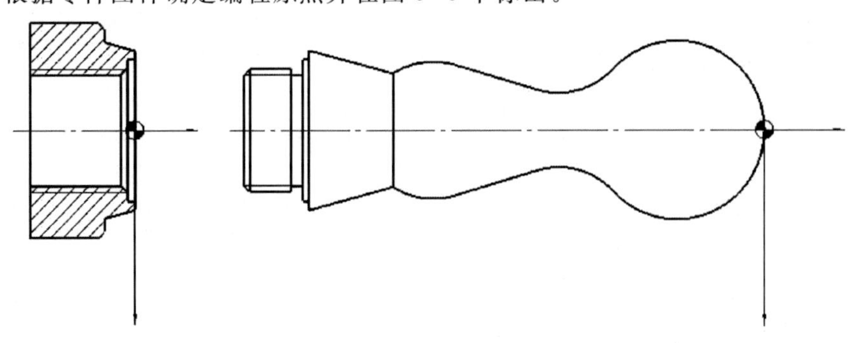

图5-5 确定编程原点

2）本次学习任务所用数控指令介绍。

根据零件图样及加工工艺，结合所学数控系统，归纳出足球杯模型加工用到的编程指令（包括G代码指令和辅助指令，见表5-5）。

表5-5 足球杯模型加工用到的编程指令

序号	选择的指令	指令格式
1	G00	G00 X_Z_;
2	G01	G01 X_Z_F_;
3	G02	G02 X_Z_R_;
4	G03	G03 X_Z_R_;

续表

序号	选择的指令	指令格式
5	G73	G73U（Δi）　W（Δk）　R（Δd） G73P（ns）　Q（nf）　U（Δu）　W（Δw）　F××S××T××
6	G71	G71　U（Δd）　R（e） G71　P（ns）　Q（nf）　U（Δu）　W（Δw）　F××
7	G76	G76　P（m）（r）（α）　Q（Δdmin）　R（d） G76　X（U）_Z（W）_R（i）　P（k）　Q（Δd）　F_
8	M 功能	M××
9	T 功能	T××××
10	S 功能	S××××
11	F 功能	F××××
12		

3）为了保证零件的加工精度，在加工过程中应多次进行测量，试考虑在程序中如何实现这一环节。

4）根据零件加工步骤及工艺分析，完成足球杯模型数控加工程序的编制（见表5-6～表5-9。

表 5-6　足球杯模型杯身左端加工程序

程序段号	足球杯杯身（左端）	O0001；
	加工程序	程序说明
N10		
N20		
N30		
N40		
N50		
N60		
N70		
N80		
N90		
N100		
N110		
N120		
N130		
N140		
N150		
N160		
N170		

表 5-7　足球杯模型杯身右端加工程序

程序段号	足球杯杯身（右端）	O0002；
	加工程序	程序说明
N10		
N20		
N30		
N40		
N50		
N60		
N70		
N80		
N90		
N100		
N110		
N120		

表 5-8　足球杯模型杯座左端加工程序

程序段号	足球杯杯座（左端）	O0003；
	加工程序	程序说明
N10		
N20		
N30		
N40		
N50		
N60		
N70		
N80		
N90		
N100		
N110		
N120		
N130		
N140		

表 5-9　足球杯模型杯座右端加工程序

程序段号	足球杯杯座（右端）	O0004：
	加工程序	程序说明
N10		
N20		
N30		
N40		
N50		
N60		
N70		
N80		
N90		
N100		
N110		
N120		
N130		
N140		

学习活动 2　足球杯模型的数控车加工

学习目标

1. 能根据足球杯模型的零件图样，确定符合加工要求的工具、量具、夹具及辅件。

2. 能按图样要求，测量毛坯尺寸，判断毛坯是否有足够的加工余量。

3. 能正确装夹工件，并对其进行找正。

4. 能正确选择本次任务所需的切削液。

5. 能在足球杯模型加工过程中，严格按照数控车床操作规程操作机床。

6. 能合理制订足球杯模型加工工时的预估方法。

7. 足球杯模型数控车削加工及质量保证方法。

8. 能较好掌握足球杯模型相关量具、量仪的使用及保养方法。

9. 能较好分析足球杯模型加工误差产生的原因。

建议学时

30 学时

学习过程

一、加工准备

1）领取工具、量具、刃具。

填写工具、量具、刃具清单（见表5-10），并领取工具、量具、刃具。

表5-10　工具、量具、刃具清单

序号	名称	规格（精度）	数量	备注
1	外径千分尺	0～25mm	1	
2	游标卡尺	0～150mm	1	
3	磁力表座		1	
4	百分表		1	
5	内孔刀		1	
6	切断刀	ZQS2020R-4018K-K	1	
7	93°外圆刀	MWLNR2020K08	1	
8	60°外螺纹刀		自定	
9	60°内螺纹刀		1	
10	铜皮、铜棒		各1	
11	毛刷、棉纱		1	
12	套筒扳手、套筒		1	
13	刀架扳手		1	
14	卡盘扳手			
15	钢直尺	150mm		

2）领取毛坯料。

填写领料单，领取毛坯料，并测量毛坯外形尺寸，判断毛坯是否有足够的加工余量。

二、零件加工

1）记录程序输入时产生的报警号，并说明产生报警的原因及解决办法（见表5-11）。

表 5-11　程序输入时产生的报警记录

报警号	报警内容	报警原因	解决办法

2）自动加工。

（1）为了保证零件加工精度，在粗加工后检测零件各部分的尺寸，记录并确定补偿值（见表 5-12）。

表 5-12　零件检测记录

序号	直径测量数据	补偿数据（X 轴磨耗）	长度测量数据	补偿数据（Z 轴磨耗）

（2）加工中注意观察刀具切削情况，记录加工中不合理的因素（例如，切削用量、加工路径是否合理，刀具是否有干涉），以便于纠正，提高工作效率（见表 5-13）。

表 5-13　足球杯模型加工中遇到的问题

问题	产生原因	预防措施或改进办法

3）案例分析：在加工完足球杯模型右端轮廓后，发现表面粗糙度不好，试说明原因并提出解决方法。

4）案例分析：在加工完足球杯模型右端轮廓后，发现端面中心处有小凸台，试分析产生的原因并提出解决方法。

三、保养机床、清理场地

加工完毕后，按照图样要求进行自检，正确放置零件，并进行产品交接确认；按照国家环保相关规定和车间要求整理现场，清扫切屑，保养机床，并正确处置废油液等废弃物；按车间规定填写交接班记录和设备日常保养记录卡（见表 5-14）。

表 5-14　设备日常保养记录卡

设备名称：　　设备编号：　　使用部门：　　保养年月：　　存档编码：

保养内容＼日期	1	2	3	4	5	6	7	8	9	10	11	12	13	14	15	16	17	18	19	20	21	22	23	24	25	26	27	28	29	30	31
环境卫生																															
机身整洁																															
加油润滑																															
工具整齐																															
电气损坏																															
机械损坏																															
保养人																															
机械异常备注																															

审核人：　　　　　　　　　　　　　　　　　　　　　　　　年　月　日

注：保养后，用“√”表示日保；“△”表示月保；“Y”表示一级保养；“X”表示有损坏或异常现象，应在“机械异常备注”栏给予记录。

学习活动3　足球杯模型的检验与质量分析

学习目标

1. 能够根据足球杯模型实物，合理选择检验工具和量具，确定检测方法。

2. 能正确、规范地使用工具、量具对足球杯模型进行检验，并对工具、量具进行合理保养和维护。

3. 能够根据足球杯模型的测量结果，分析误差产生的原因，并提出修改意见。

4. 能按检验室管理要求，正确放置检验用工、量具。

建议学时

10学时

学习过程

一、明确测量要素，领取检测用工具、量具

1）足球杯模型上有哪些要素需要测量？

2）根据足球杯模型需要测量的要素，写出检测足球杯模型所需的工具、量具，并填入表5-15中。

表5-15　检测足球杯模型所需的工具、量具

序号	名称	规格（精度）	检测内容	备注
1	千分尺	0～25mm	直径尺寸	
2	游标卡尺	0～150mm	长度尺寸	
3	测量圆弧直读式游标卡尺		圆弧尺寸	
4	三坐标测量仪		直径、长度、圆弧尺寸	
5	圆弧样板（R规）		圆弧尺寸	
6	锥度塞尺		锥度尺寸	
7	万能角度尺		锥度尺寸	

3）案例分析：在检测足球杯模型零件尺寸过程中，用到了几种检测方法？

二、检测零件，填写足球杯模型质量检验单

1）根据图样要求，自检足球杯模型零件，并完成零件质量检验单（见表5-16）。

表5-16　足球杯模型质量检验单

项目	序号	内容	检测结果	结论
圆弧	1	R24.77mm		
	2	R25.88mm		
	3	R29mm		
长度	4	10mm		
	5	35mm		
	6	123mm		
	7	151mm		
外圆	8	ϕ46.18mm		
	9	ϕ70mm		
锥度	10	ϕ36.86mm		
	11	ϕ51.86mm		
	12	ϕ57.72mm		
外螺纹	13	M40×2		
内螺纹	14	M40×2		
倒角	15	C2倒角（两处）		
表面质量	16	R_a3.2μm		
足球杯模型检测结论				
产生不合格品的情况分析				

2）案例分析：利用圆弧样板检测足球杯模型零件圆弧尺寸为R6mm，发现接触面积偏小，试分析接触面积不合格的原因，并提出纠正方法。

三、提出工艺方案修改意见

对不合格项目进行分析，小组讨论提出修改意见（见表 5-17）。

表 5-17　不合格项分析

不合格项目	产生原因	修改意见
尺寸不对		
圆弧曲线误差		
表面粗糙度达不到要求		

学习活动 4　工作总结与评价

1. 能够根据足球杯模型实物，合理选择检验工具和量具，确定检测方法。
2. 能正确、规范地使用工具、量具对足球杯模型进行检验，并对工具、量具进行合理保养和维护。
3. 能够根据足球杯模型的测量结果，分析误差产生的原因，并提出修改意见。
4. 能按检验室管理要求，正确放置检验用工具、量具。

建议学时

10 学时

一、自我评价

表 5-18　足球杯模型加工综合评价表

项目	序号	技术要求	配分	评分标准	检测记录	得分
机床操作（20%）	1	正确开启机床、检测	4	不正确、不合理无分		
	2	机床返回参考点	4	不正确、不合理无分		
	3	程序的输入及修改	4	不正确、不合理无分		
	4	程序空运行轨迹检查	4	不正确、不合理无分		
	5	对刀的方式、方法	4	不正确、不合理无分		
程序与工艺（20%）	6	程序格式规范	4	不合格每处扣 1 分		
	7	程序正确、完整	8	不合格每处扣 2 分		
	8	工艺合理	8	不合格每处扣 2 分		

续表

项目	序号	技术要求	配分	评分标准	检测记录	得分
零件质量（50%）	9	R24.77mm	3	超差不得分		
	10	R25.88mm	3	超差不得分		
	11	R29mm	3	超差不得分		
	12	10mm	3	超差不得分		
	13	35mm	3	超差不得分		
	14	123mm	3	超差不得分		
	15	151mm	4	超差不得分		
	16	ϕ70mm	4	超差不得分		
	17	ϕ36.86mm	4	超差不得分		
	18	ϕ51.86mm	4	超差不得分		
	19	ϕ57.72mm	4			
	20	M40×2	4			
	21	C2 倒角（两处）	4			
	22	R_a3.2μm	4			
安全文明生产（10%）	21	安全操作	5	不按安全操作规程操作全扣分		
	22	机床清理	5	不合格全扣分		
总配分			100			

二、展示评价（小组评价）

把个人制作好的足球杯模型进行分组展示，再由小组推荐代表做必要的介绍。在展示过程中，以组为单位进行评价；评价完后，根据其他组成员对本组展示成果的评价意见进行归纳总结，完成如下项目：

（1）展示的足球杯模型符合技术标准吗？

合格□　　不良□　　返修□　　报废□

（2）本小组介绍成果表达是否清晰？

很好□　　一般，常补充□　　不清晰□

（3）本小组演示的足球杯模型检测方法操作正确吗？

正确□　　部分正确□　　不正确□

（4）本小组演示操作时遵循了“7S”的工作要求吗？

符合工作要求□　　忽略了部分要求□　　完全没有遵循□

（5）本小组的检测量具、量仪保养完好吗？

很好□　　一般□　　不合要求□

（6）本小组的成员团队创新精神如何？

很好□　　　　　一般□　　　　　不足□

三、教师评价

教师对展示的作品分别作评价：

(1) 找出各组的优点进行点评。

(2) 对展示过程中各组的缺点进行点评，提出改进方法。

(3) 对整个任务完成中出现的亮点和不足进行点评。

四、总结提升

1) 根据足球杯模型加工质量及完成情况，分析足球杯模型编程与加工中的不合理处及其原因并提出改进意见，填入表 5-19 中。

表 5-19　足球杯模型加工不合理处及改进意见

序号	工作内容	不合理处	不合理原因	改进意见
1	零件工艺处理与编程			
2	零件数控车加工			
3	零件质量			

2) 试结合自身任务完成情况，通过交流讨论等方式较全面、规范撰写本次任务的工作总结。

工作总结（心得体会）

评价与分析

表 5-20　学习任务五评价表

班级：　　　　　　　　学生姓名：　　　　　　　　学号：

项目	自我评价			小组评价			教师评价		
	10～9	8～6	5～1	10～9	8～6	5～1	10～9	8～6	5～1
	占总评 10%			占总评 30%			占总评 60%		
学习活动 1									
学习活动 2									
学习活动 3									
学习活动 4									
表达能力									
协作精神									
纪律观念									
工作态度									
分析能力									
操作规范性									
任务总体表现									
小计									
总评									

任课教师：　　　　　　年　　月　　日

学习任务六　“蛋”形零件的数控车加工

学习目标

1. 能阅读生产任务单，明确工作任务，制订出合理的工作进度计划。
2. 能够根据“蛋”形零件实物，绘制出“蛋”形零件的零件图。
3. 掌握“蛋”形零件基准（装配基准、设计基准等）的确定方法。
4. 掌握“蛋”形零件工艺、装配尺寸链的确定方法。
5. 能根据“蛋”形零件图样，制订数控车削加工工艺。
6. 能明确“蛋”形零件的功能作用。
7. 能对蛋形零件进行正确的测量，评估与判断零件质量是否合格，并提出改进措施。
8. 能按车间现场 7S 管理的要求，整理现场，保养设备并填写保养记录。

建议学时

50 学时

学习过程

学习活动 1　“蛋”形零件的加工工艺分析与编程

“蛋”形零件，也就是鸡蛋形状的零部件，加工这样的零件可采用两种方法：一是在车床上加工出绝大部分，然后再进行钳工修正，这样做既保证不了完整的形状，又保证不了必要的尺寸；二是把这种零件分为两部分进行加工，中间用螺纹进行连接，这样做既保证了完整的形状，又保证了必要的尺寸。

一、生产任务单

（1）阅读生产任务单（见表 6-1）。

表 6-1　“蛋”形零件生产任务单

<table>
<tr><td colspan="2">单位名称</td><td colspan="2"></td><td>完成时间</td><td>年　月　日</td></tr>
<tr><td>序号</td><td>产品名称</td><td>材料</td><td>生产数量</td><td colspan="2">技术标准、质量要求</td></tr>
<tr><td>1</td><td>“蛋”形零件</td><td>45 钢</td><td>30 件</td><td colspan="2">按图样要求</td></tr>
</table>

续表

<table>
<tr><td colspan="2">单位名称</td><td colspan="2"></td><td colspan="2">完成时间</td><td colspan="2">年 月 日</td></tr>
<tr><td>序号</td><td>产品名称</td><td>材料</td><td>生产数量</td><td colspan="4">技术标准、质量要求</td></tr>
<tr><td>2</td><td></td><td></td><td></td><td colspan="4"></td></tr>
<tr><td>3</td><td></td><td></td><td></td><td colspan="4"></td></tr>
<tr><td colspan="2">生产批准时间</td><td>年 月 日</td><td>批准人</td><td></td><td colspan="2"></td><td></td></tr>
<tr><td colspan="2">通知任务时间</td><td>年 月 日</td><td>发单人</td><td></td><td colspan="2"></td><td></td></tr>
<tr><td colspan="2">接单时间</td><td>年 月 日</td><td>接单人</td><td></td><td colspan="2">生产班组</td><td>数控车工组</td></tr>
</table>

（2）查阅资料，从使用的特性考虑，说明实际生活中“蛋”形零件的用途。

（3）本生产任务工期为 20 天，试依据任务要求，制订合理的工作计划，并根据小组成员的特点进行分工（见表 6-2）。

表 6-2 工作计划表

序号	工作内容	时间	成员	责任人
1	零件图绘制			
2	基准的确定			
3	工艺分析			
4	工艺尺寸链的确定			
5	数控车削加工			
6	工装的制作方法			
7	质量保证方法			
8	量具、量仪的使用及保养方法			
9	加工误差产生的原因			

二、根据“蛋”形零件实物，绘制零件图

零件图的绘制方法已在前面学习任务中介绍过，这里不再叙述。实物见图 6-1。

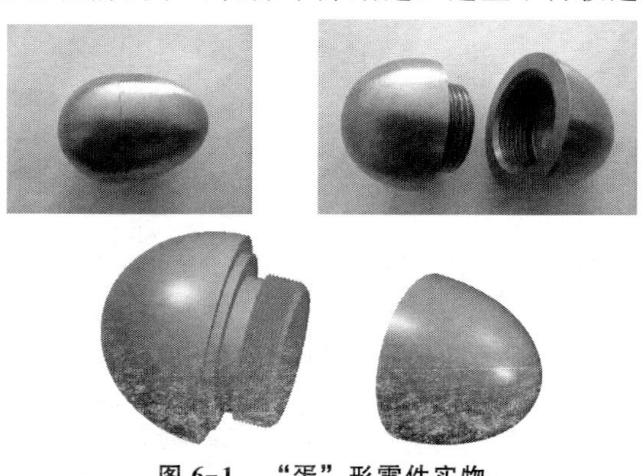

图 6-1 “蛋”形零件实物

三、根据“蛋”形零件图样，明确基准定位方法

根据定位基准选择原则，避免不重合误差，便于编程，以工序的设计基准作为定位基准。分析零件图纸结合相关数控加工方面的知识，该零件可以通过一次装夹多次走刀达到加工要求。零件加工时，先以直径为 20mm 的外圆的轴线作为轴向定位基准，然后以零件轴线作为轴向定位基准，以轴台的端面的中心作为该轴剩余工序的轴向定位基准，并且把编程原点选在设计基准上，如图 6-2 所示。

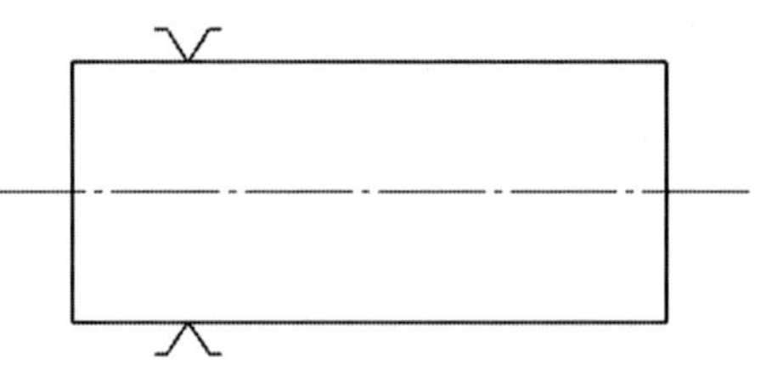

图 6-2　定位图

四、根据“蛋”形零件图样，确定该图样的装配尺寸链

零件的装配尺寸链内容已在前面学习任务中介绍过，这里不再叙述。

五、数控车削加工工艺分析

一名合格的数控车床操作工首先必须是一名合格的工序员，全面掌握数控车削加工的工艺知识对数控编程和操作技能有极大的帮助。本次学习任务是“蛋”形零件的加工。通过本次任务学习将全面掌握非圆曲线的编程方法、工装的制作以及内外螺纹配合等数控加工工艺的主要内容。

六、“蛋”形零件数控车削加工工艺分析

图 6-3 所示“蛋”形零件图中有毛坯两块，直径均为 ϕ50mm×40mm，材料为 45 钢，所用数控车床为 CK6136A，其数控车削加工工艺分析如下。

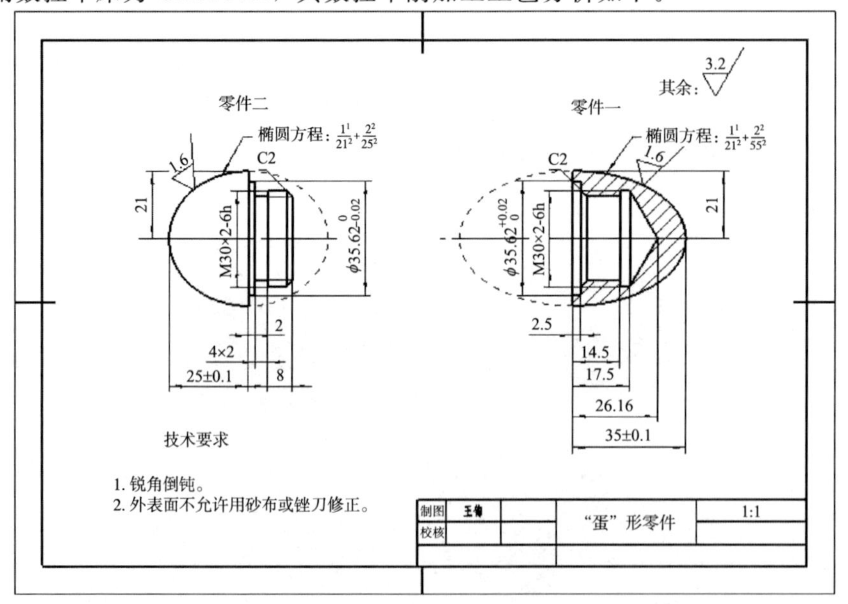

图 6-3　“蛋”形零件图样

1. 零件图工艺分析

该零件表面主要由椭圆及内外螺纹等组成。由于该零件没有装夹位置，所以必须做工装才能加工。

通过上述分析，采取以下几点工艺措施。

（1）先粗车掉大部分余量，在粗车时不要产生“过切”现象，粗车的同时为精加工留一定的余量。粗车最后一刀时按照轮廓轨迹走一刀，为精加工留下均匀的余量。

（2）精车到图纸尺寸。精车时，采用一次性走刀将零件轮廓加工完整。为保证工件轮廓表面加工后的粗糙度要求，精加工时，最终轮廓应安排在最后一次走刀连续加工出来。刀具的进退刀路线要认真考虑，以尽量减少在轮廓处停刀，以避免切削力（大小、方向）突然变化造成弹性变形而留下刀痕。一般应沿着零件表面的切向切入和切出，尽量避免沿工件轮廓面垂直方向进、退刀而划伤工件。

（3）为便于装夹，毛坯左端应预先车出夹持部分，右端面也应先粗车，以充分保证同轴度。

（4）先制作内外螺纹的工装，然后再进行椭圆曲线的加工。

2. 确定装夹方案

由于“蛋”形零件没有装夹部分，所以我们先做内外螺纹工装部分，才能再进行装夹。进一步进行数控加工。其装夹如图 6-4 所示。

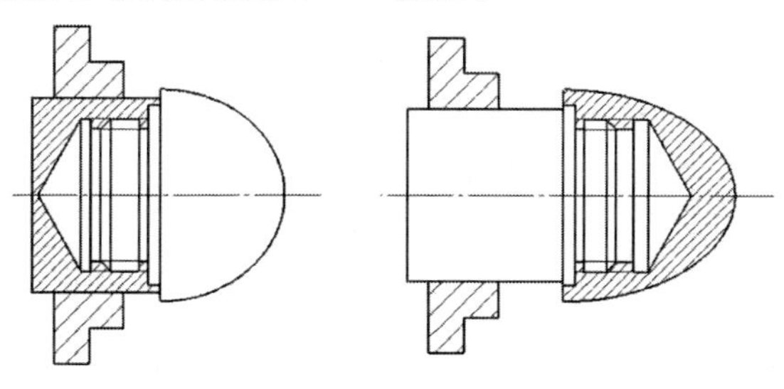

图 6-4　装夹图

3. 确定加工顺序及进给路线

加工顺序按由粗到精、由近到远（由右到左）的原则确定。即先从右到左进行粗车（留 0.5mm 精车余量），然后从右到左进行精车，最后进行切断。

4. 本零件所选数控刀具

（1）粗车时采用 93°车刀进行椭圆曲线的粗、精加工。

（2）加工内孔时采用盲孔刀进行粗、精加工。

（3）零件图样中有两处三角螺纹，一处是外螺纹可采用 60°外螺纹刀进行加工，另一处是内螺纹可采用 60°内螺纹刀进行加工。

（4）切槽时选刀宽为 4mm 的机卡切断刀进行切槽。

将所定的刀具参数填入表 6-3 数控加工刀具卡片中，以便于编程和操作管理。

表 6-3　数控加工刀具卡片

<table>
<tr><td>产品名称或代号</td><td colspan="2">配合件数控加工</td><td>零件名称</td><td colspan="2">“蛋”形零件</td><td>零件图号</td><td>MDJJSXY-06</td></tr>
<tr><td>刀具号</td><td colspan="2">刀具名称</td><td>数量</td><td colspan="2">加工内容</td><td>刀尖半径/mm</td><td>刀具规格/mm×mm</td></tr>
<tr><td>T01</td><td colspan="2">93°外圆刀</td><td>1</td><td colspan="2">粗车轮廓</td><td>0.8</td><td>20×20</td></tr>
<tr><td>T01</td><td colspan="2">93°外圆刀</td><td>1</td><td colspan="2">精车轮廓</td><td>0.4</td><td>20×20</td></tr>
<tr><td>T02</td><td colspan="2">数控内孔车刀</td><td>1</td><td colspan="2">粗车轮廓</td><td>0.4</td><td></td></tr>
<tr><td>T02</td><td colspan="2">数控内孔车刀</td><td>1</td><td colspan="2">精车轮廓</td><td>0.4</td><td></td></tr>
<tr><td>T03</td><td colspan="2">60°外螺纹刀</td><td>1</td><td colspan="2">外螺纹加工</td><td></td><td>20×20</td></tr>
<tr><td>T04</td><td colspan="2">60°内螺纹刀</td><td>1</td><td colspan="2">内螺纹加工</td><td></td><td>20×20</td></tr>
<tr><td>T05</td><td colspan="2">切断刀</td><td>1</td><td colspan="2">切槽</td><td></td><td>20×20</td></tr>
<tr><td>编制</td><td></td><td>审核</td><td></td><td>批准</td><td></td><td>第　页</td><td>共　页</td></tr>
</table>

5. 切削用量的选择

（1）本次零件加工粗车循环时 a_p=2mm，精车 a_p=0.25mm。

（2）本次零件加工粗车 n=1000r/min，精车 n=1600r/min。加工螺纹时的转速为 n=1000r/min。

（3）本次零件加工粗车、精车进给量 f 分别为 0.3mm/r 和 0.1mm/r，进给速度分别为 200mm/min 和 100mm/min。

将前面分析的各项内容综合成所示的数控加工工艺卡片。

表 6-4　“蛋”形零件数控加工工艺卡

<table>
<tr><td rowspan="2">单位名称</td><td rowspan="2">牡丹江技师学院</td><td colspan="2">产品名称</td><td colspan="3">配合件数控加工</td><td>图号</td><td>MDJJSXY-06</td></tr>
<tr><td colspan="2">零件名称</td><td colspan="2">“蛋”形零件</td><td>数量</td><td>30</td><td>第　页</td></tr>
<tr><td>材料种类</td><td>碳钢</td><td>材料牌号</td><td>45 钢</td><td>毛坯尺寸</td><td colspan="3">ϕ50mm×40mm</td><td>共　页</td></tr>
<tr><td rowspan="2">工序号</td><td rowspan="2">工序内容</td><td rowspan="2">车间</td><td rowspan="2">设备</td><td colspan="3">工具</td><td rowspan="2">计划工时</td><td rowspan="2">实际工时</td></tr>
<tr><td>夹具</td><td>量具</td><td>刃具</td></tr>
<tr><td>1</td><td>粗车外轮廓</td><td>数控车间</td><td>CK6136A</td><td>三爪自定心卡盘</td><td>千分尺
游标卡尺</td><td>93°菱形刀</td><td></td><td></td></tr>
<tr><td>2</td><td>精车外轮廓</td><td>数控车间</td><td>CK6136A</td><td>三爪自定心卡盘</td><td>千分尺
游标卡尺</td><td>93°菱形刀</td><td></td><td></td></tr>
<tr><td>3</td><td>外螺纹加工</td><td>数控车间</td><td>CK6136A</td><td>三爪自定心卡盘</td><td>千分尺
游标卡尺</td><td>60°外螺纹刀</td><td></td><td></td></tr>
<tr><td>4</td><td>内螺纹加工</td><td>数控车间</td><td>CK6136A</td><td>三爪自定心卡盘</td><td>千分尺
游标卡尺</td><td>60°内螺纹刀</td><td></td><td></td></tr>
</table>

续表

<table>
<tr><td rowspan="2">单位名称</td><td rowspan="2">牡丹江技师学院</td><td colspan="2">产品名称</td><td colspan="3">配合件数控加工</td><td>图号</td><td>MDJJSXY-06</td></tr>
<tr><td colspan="2">零件名称</td><td colspan="2">“蛋”形零件</td><td>数量</td><td>30</td><td>第　页</td></tr>
<tr><td>材料种类</td><td>碳钢</td><td>材料牌号</td><td>45 钢</td><td colspan="2">毛坯尺寸</td><td colspan="2">φ50mm×40mm</td><td>共　页</td></tr>
<tr><td rowspan="2">工序号</td><td rowspan="2">工序内容</td><td rowspan="2">车间</td><td rowspan="2">设备</td><td colspan="3">工具</td><td rowspan="2">计划工时</td><td rowspan="2">实际工时</td></tr>
<tr><td>夹具</td><td>量具</td><td>刃具</td></tr>
<tr><td>5</td><td>粗车内轮廓</td><td>数控车间</td><td>CK6136A</td><td>三爪自定心卡盘</td><td>千分尺
游标卡尺</td><td>内孔刀</td><td></td><td></td></tr>
<tr><td>6</td><td>精车内轮廓</td><td>数控车间</td><td>CK6136A</td><td>三爪自定心卡盘</td><td>千分尺
游标卡尺</td><td>内孔刀</td><td></td><td></td></tr>
<tr><td>7</td><td>切槽</td><td>数控车间</td><td>CK6136A</td><td>三爪自定心卡盘</td><td>千分尺
游标卡尺</td><td>切断刀</td><td></td><td></td></tr>
<tr><td>更改号</td><td></td><td colspan="2">拟定</td><td colspan="2">校正</td><td colspan="2">审核</td><td>批准</td></tr>
<tr><td>更改者</td><td></td><td colspan="2"></td><td colspan="2"></td><td colspan="2"></td><td></td></tr>
<tr><td>日期</td><td></td><td colspan="2"></td><td colspan="2"></td><td colspan="2"></td><td></td></tr>
</table>

七、编制程序

1）根据零件图样确定编程原点并在图中标出（见图 6-5）。

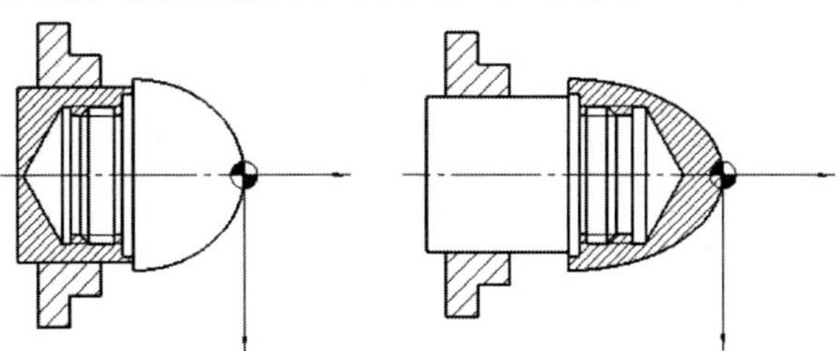

图 6-5　“蛋”形零件加工的编程原点

2）本次学习任务所用数控知识介绍。

（1）变量。

①定义。用可赋值的代号代替具体的数值，这个代号就称为变量。

②表示方法。FANUC 系统变量用变量符号“＃”和后面的变量号表示。变量号可用数字或表达式表示，当用表达式时，要将表达式放在括号中。例如，＃1、＃[＃1＋＃2]、X [＃1＋＃2]、X＃ [＃1＋＃2] 等，以下几点需要注意。

（a）当在程序中定义变量值时，小数点及后面的零可省略。

（b）被引用变量的值根据地址的最小设定单位自动舍入。例如：＃1＝12.3456，当机床精度为 0.001 时，X＃1 的值为 12.346。

（c）负号要放在“＃?”前面，例如：G00　X－＃1。

（d）当变量未定义时为空变量，当引用空变量时，变量及地址字都被忽略。例如：＃1＝0，＃2 未定义，则程序段“G00　X＃1　Z＃2”的执行结果为“G00　X0”。

(e) 变量“#0”总是空变量，只能读不能写。

③变量的类型。

根据变量号可将变量分为四种类型（见表 6-5）。

表 6-5　变量的类型

变量号	变量类型	功能
#0	空变量	该变量总是空，任何值都不能赋给该变量
#1～#33	局部变量	局部变量只能用在宏程序中存储数据，例如，运算结果。当断电时，局部变量被初始化为空。调用宏程序时，自变量对局部变量赋值
#100～#199 #500～#999	公共变量	公共变量在不同的宏程序中的意义相同。当断电时，变量#100～#199 的数据化为空，变量#500～#999 的数据保存，不会丢失
#1000 以上	系统变量	系统变量用于读写 CNC 运行时的各种数据，例如，刀具当前位置和补偿

说明：系统变量用于读和写 NC 内部数据，其变量号和含义在一个系统中是一一对应的，有些可以读和写，有些只能读。

例如：#3002 是时间信息系统变量，该变量为一个定时器，当循环启动灯亮时，以 1 小时为单位计时，它可以被读和写，例如#3002＝0 则表示定时器清零，可以重新开始计时。

#5041－#5043 为位置信息的系统变量，表示包含刀具补偿值的当前位置。

例如：#1＝#5043 表示将当前位置的 Z 坐标值赋给“#1”；G01　W－50　F0.1，表示从当前位置（起点）做 Z 向切削 50mm 长；G01　Z#1，切削退回起点。

更多具体的参数含义请阅读系统的说明书。

(2) 变量的运算。

①常见的运算符见表 6-6。下表中的运算可在本系统的变量中被执行，“＝”的用法是将其右侧的结果赋给左侧的变量。

表 6-6　变量的算术、逻辑运算和运算符

功　能	格　式	备　注
定义	#i＝#j	将#j 的值赋给#i
加法 减法 乘法 除法	#i＝#j＋#k #i＝#j－#k #i＝#j*#k #i＝#i/#k	将#j 与#k 加、减、乘、除的结果赋给#i
正弦 反正弦 余弦 反余弦 正切 反正切	#i＝SIN［#j］ #i＝ASIN［#j］ #i＝COS［#j］ #i＝ACOS［#j］ #i＝TAN［#j］ #i＝ATAN［#j］/［#k］	角度以度指定。90°30′表示为 90.5°

续表

功　能	格　式	备　注
定义	#i=#j	将#j的值赋给#i
平方根 绝对值 舍入 上取整 下取整 自然对数 指数函数	#i=SQRT [#j] #i=ABS [#j] #i=ROUND [#j] #i=FUP [#j] #i=FIX [#j] #i=LN [#j] #i=EXP [#j]	
或 异或 与	#i=#jOR#k #i=#jXOR#k #i=#jAND#k	逻辑运算一位一位地按二进制数执行
从 BCD 转为 BIN 从 BIN 转为 BCD	#i=BIN [#j] #i=BCD [#j]	用于与 PMC 的信号交换

②运算符解析。

(a) 上取整和下取整。

当执行后产生整数的绝对值大于原数的绝对值时为上取整，若小于原数的绝对值为下取整。

例如：假定#1=1.2，并且#2=-1.2。

当执行#3=FUP [#1] 时，2.0 赋给#3。

当执行#3=FIX [#1] 时，1.0 赋给#3。

当执行#3=FUP [#2] 时，-2.0 赋给#3。

当执行#3=FIX [#2] 时，-1.0 赋给#3。

(b) 舍入。

当算术运算或逻辑运算 IF 或 WHILE 中包含 ROUND 时，则在第一个小数位置四舍五入。

例：当#2=1.2345 时，执行#1=RODND [#2] 时，结果为#1=1.0。

当 NC 语句中使用 ROUND 时，根据地址的最小设定单位将指定值四舍五入。

例如：#2=1.2345（假定最小设定单位是 0.001）。

执行“G91G00　X-#2”时，快速移动距离为 1.235mm。

(c) 运算次序。

按照优先的先后顺序依次是括号、函数、乘除、加减，括号最多可使用 5 级，且只能用方括号，圆括号用于注释。

(3) 功能语句。

数控程序的运行是按导入的顺序依次执行程序，要想改变其执行顺序，必须要通过一系列功能语句。

①无条件转移语句。

GOTO　n，表示转移到顺序号为 n 的程序段继续运行。

例如：N10　G00X50.0Z10.0；

　　　N20　G01X45.0F0.2；

　　　N30　G01Z0.0；

　　　N40　GOTO20；

表示执行 N40 程序段时，程序无条件转移到 N20 程序段继续运行。

②条件转移语句。

(a) IF　[条件表达式]　GOTO　n

表示如果指定的条件表达式满足时，转到标有顺序号 n 的程序段，如果不满足时，则执行下一个程序段。

＜条件表达式＞成立时，从顺序号为 n 的程序段以下执行；＜条件表达式＞不成立时，执行下一个程序段。

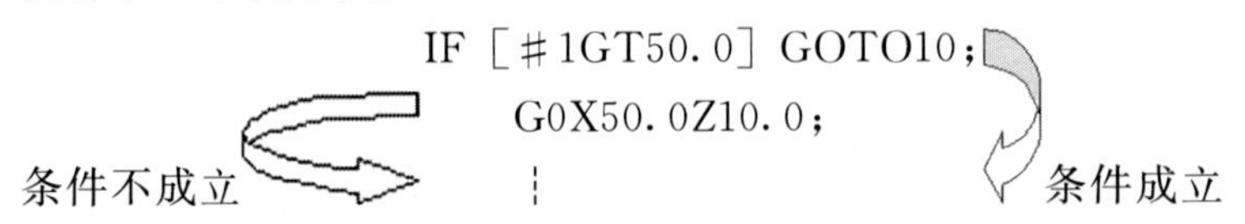

N10G00X100.0Z100.0；

该语句中的条件表达式必须包括运算符，这个运算符插在两个变量或一个变量和一个常量之间，并且要用方括号封闭，常用＜条件表达式＞运算符见表 6-6。

(b) IF　[条件表达式]　THEN　(宏程序语句)。

表示如果表达式满足时，则执行预先决定的宏程序语句，且只执行一个语句，表达式必须包括运算符。

例如：IF　[#1EQ#2] THEN　#3=0

表示如果#1 与#2 值相等，则将 0 赋给#3。

(c) 常见的用于比较两个值大小的运算符见表 6-7。

表 6-7　两值大小比较运算符

运算符	含义	运算符	含义
EQ	等于 (=)	GE	大于或等于 (≥)
NE	不等于 (≠)	LT	小于 (＜)
GT	大于 (＞)	LE	小于或等于 (≤)

③循环功能语句。

(a) 格式：WHILE　[表达式]　DO　m　(m=1，2，3) …END m…

表示当指定条件满足时，执行从 DO 到 END 之间的程序，否则转到 END 后的程序段。

(b) 几点说明：

"m" 值是指定程序执行范围的标号，可根据需要多次使用，但其值只能取 1，2，3。

DO 循环可嵌套 3 级，但范围不能交叉。

循环语句中可以用条件转移语句，并可以转移到循环之外，但条件转移语句的目标语句不能进入循环内部。

（4）宏程序的含义。

①定义。含有变量运算或功能语句的程序称为宏程序。也就是用一些变量代替一般程序中的常数值，这样就可以在程序中进行运算或应用一些功能语句，从而使可编程序的范围更大或用一个宏程序实现一类功能。

②分类。

（a）A类宏程序。用G65作为宏指令专用代码，H代码表示变量运算及功能语句的一类宏程序。

（b）B类宏程序。直接对变量进行赋值和运算及使用功能语句的一类宏程序。

3）根据零件图样及加工工艺，结合所学数控系统，归纳出“蛋”形零件加工用到的编程指令（包括G代码指令和辅助指令，见表6-8）。

表6-8 “蛋”形零件加工用到的编程指令

序号	选择的指令	指令格式
1	G00	G00 X_Z_；
2	G01	G01 X_Z_F_；
3	G71	G71 U（Δd） R（e） G71 P（ns） Q（nf） U（Δu） W（Δw） F××
4	G76	G76 P（m）（r）（α） Q（Δdmin） R（d） G76 X（U）_Z（W）_R（i） P（k） Q（Δd） F_
5	M功能	M××
6	T功能	T××××
7	S功能	S××××
8	F功能	F××××

4）为了保证零件的加工精度，在加工过程中应多次进行测量，试考虑在程序中如何实现这一环节。

5）根据零件加工步骤及工艺分析，完成“蛋”形零件数控加工程序的编制。

（1）“蛋”形零件件一端加工程序（见表6-9、表6-10）。

表6-9 “蛋”形零件件一左端加工程序

程序段号	“蛋”形零件（件一左端）	O0001；
	加工程序	程序说明
N10		
N20		
N30		
N40		

续表

程序段号	"蛋"形零件（件一左端）	O0001：
	加工程序	程序说明
N50		
N60		
N70		
N80		
N90		
N100		
N110		
N120		
N130		
N140		
N150		
N160		
N170		
N180		
N190		
N200		

表 6-10 "蛋"形零件件一右端加工程序

程序段号	"蛋"形零件（件一右端）	O0001：
	加工程序	程序说明
N10		
N20		
N30		
N40		
N50		
N60		
N70		

续表

程序段号	“蛋”形零件（件一右端）	O0001：
	加工程序	程序说明
N80		
N90		
N100		
N110		
N120		
N130		
N140		
N150		
N160		
N170		

（2）“蛋”形零件件二加工程序（见表6-11）。

表6-11　“蛋”形零件件二左端加工程序

程序段号	“蛋”形零件（件二左端）	O0001：
	加工程序	程序说明
N10		
N20		
N30		
N40		
N50		
N60		
N70		
N80		
N90		
N100		
N110		
N120		

续表

程序段号	“蛋”形零件（件二左端）	O0001；
	加工程序	程序说明
N130		
N140		
N150		
N160		
N170		
N180		
N190		
N200		
N210		
N220		
N230		
N240		
N250		
N260		
N270		
N280		

学习活动 2　“蛋”形零件的数控车加工

学习目标

1. 能根据“蛋”形零件的零件图样，确定符合加工要求的工具、量具、夹具及辅件。
2. 能按图样要求，测量毛坯尺寸，判断毛坯是否有足够的加工余量。
3. 能正确装夹工件，并对其进行找正。
4. 能正确选择本次任务所需的切削液。
5. 能在“蛋”形零件加工过程中，严格按照数控车床操作规程操作机床。
6. 能合理制订“蛋”形零件加工工时的预估方法。
7. 掌握“蛋”形零件数控车削加工及质量保证方法。
8. 能较好掌握“蛋”形零件相关量具、量仪的使用及保养方法。
9. 能较好分析“蛋”形零件加工误差产生的原因。

建议学时

30 学时

学习过程

一、加工准备

1）领取工具、量具、刃具。

填写工具、量具、刃具清单（见表 6-12），并领取工具、量具、刃具。

表 6-12　工具、量具、刃具清单

序号	名称	规格（精度）	数量	备注
1	外径千分尺	0～25mm	1	
2	游标卡尺	0～150mm	1	
3	磁力表座		1	
4	百分表		1	
5	93°外圆刀	MWLNR2020K08	1	
6	切断刀	ZQS2020R-4018K-K	1	
7	60°内螺纹刀	SNR0016M16	1	
8	60°外螺纹刀	SER2020K16T	1	

续表

序号	名称	规格（精度）	数量	备注
9	内孔车刀	S12M-SDUCR07		
10	铜皮、铜棒		自定	
11	钻头	ϕ20	1	
12	板扳子	20mm～22mm	1	
13	毛刷、棉纱		1	
14	套筒扳手、套筒		各 1	
15	刀架扳手		1	
16	卡盘扳手		1	
17	钢直尺	150mm	1	

2）领取毛坯料。

填写领料单，领取毛坯料，并测量毛坯外形尺寸，判断毛坯是否有足够的加工余量。

二、零件加工

1）记录程序输入时产生的报警号，并说明产生报警的原因及解决办法（见表 6-13）。

表 6-13　程序输入时产生的报警记录

报警号	报警内容	报警原因	解决办法

2）自动加工。

（1）为了保证零件加工精度，在粗加工后检测零件各部分的尺寸，记录并确定补偿值（见表 6-14）。

表 6-14　零件检测记录表

序号	直径测量数据	补偿数据（X 轴磨耗）	长度测量数据	补偿数据（Z 轴磨耗）

（2）加工中注意观察刀具切削情况，记录加工中不合理的因素（例如，切削用量、

加工路径是否合理，刀具是否有干涉），以便于纠正，提高工作效率（见表6-15）。

表6-15 "蛋"形零件加工中遇到的问题

问题	产生原因	预防措施或改进办法

3）案例分析：用35°菱形刀车削外圆时，发现铁屑缠绕工件。试分析如不采取措施，将会出现什么样的后果？应采取什么措施来避免铁屑缠绕工件？

4）案例分析：在加工完"蛋"形零件上的螺纹时，发现螺纹牙型不对，试分析产生的原因并提出解决方法。

三、保养机床、清理场地

加工完毕后，按照图样要求进行自检，正确放置零件，并进行产品交接确认；按照国家环保相关规定和车间要求整理现场，清扫切屑，保养机床，并正确处置废油液等废弃物；按车间规定填写交接班记录和设备日常保养记录卡（见表6-16）。

表6-16 设备日常保养记录卡

设备名称： 设备编号： 使用部门： 保养年月： 存档编码：

保养内容＼日期	1	2	3	4	5	6	7	8	9	10	11	12	13	14	15	16	17	18	19	20	21	22	23	24	25	26	27	28	29	30	31
环境卫生																															
机身整洁																															
加油润滑																															
工具整齐																															
电气损坏																															
机械损坏																															
保养人																															
机械异常备注																															

审核人： 年 月 日

注：保养后，用"√"表示日保；"△"表示月保；"Y"表示一级保养；"X"表示有损坏或异常现象，应在"机械异常备注"栏给予记录。

学习活动 3 “蛋”形零件的检验与质量分析

学习目标

1. 能够根据“蛋”形零件实物，合理选择检验工具和量具，确定检测方法。
2. 能正确规范地使用工具、量具对“蛋”形零件进行检验，并对工具、量具进行合理保养和维护。
3. 能够根据“蛋”形零件的测量结果，分析误差产生的原因，并提出修改意见。
4. 能按检验室管理要求，正确放置检验用工具、量具。

建议学时

10 学时

学习过程

一、明确测量要素，领取检测用工具、量具

1）“蛋”形零件上有哪些要素需要测量？

2）根据“蛋”形零件需要测量的要素，写出检测“蛋”形零件所需的工具、量具，并填入表 6-17 中。

表 6-17 检测“蛋”形零件所需的工具、量具

序号	名称	规格（精度）	检测内容	备注
1	千分尺	0～25mm	直径尺寸	
2	游标卡尺	0～150mm	长度尺寸	
3	三坐标测量仪		直径、长度、圆弧尺寸	
4	锥度塞尺		锥度尺寸	
5	万能角度尺		锥度尺寸	
6	螺纹千分尺		螺纹尺寸	
7	三针测量法		螺纹尺寸	
8	螺纹环规		螺纹尺寸	

3）案例分析：在检测“蛋”形零件零件尺寸过程中，用到了几种检测方法？

二、检测零件，填写“蛋”形零件质量检验单

1）根据图样要求，自检“蛋”形零件，并完成零件质量检验单（见表6-18）。

表6-18 “蛋”形零件质量检验单

项目	序号	检测内容	检测结果	结论
长度	1	2mm		
	2	2.5mm		
	3	14.5mm		
	4	17.5mm		
	5	25mm		
	6	35mm		
椭圆	7	长半轴35、短半轴21		
	8	长半轴25、短半轴21		
螺纹	9	$M30\times2$ 外螺纹		
	10	$M30\times2$ 内螺纹		
外沟槽	11	4mm		
表面质量	12	$R_a3.2\mu m$		
“蛋”形零件检测结论				
产生不合格品的情况分析				

2）案例分析：利用圆弧样板检测“蛋”形零件圆弧尺寸 $R6mm$，发现接触面积偏小，试分析接触面积不合格的原因，并提出纠正方法。

三、提出工艺方案修改意见

对不合格项目进行分析，小组讨论提出修改意见，填写表6-19。

表6-19 不合格项分析

不合格项目	产生原因	修改意见
尺寸不对		
圆弧曲线误差		
表面粗糙度达不到要求		

学习活动4 工作总结与评价

学习目标

1. 能够根据“蛋”形零件实物，合理选择检验工具和量具，确定检测方法。

2. 能正确规范地使用工具、量具对“蛋”形零件进行检验，并对工具、量具进行合理保养和维护。

3. 能够根据“蛋”形零件的测量结果，分析误差产生的原因，并提出修改意见。

4. 能按检验室管理要求，正确放置检验用工具、量具。

建议学时

10学时

学习过程

一、自我评价

表6-20 “蛋”形零件加工综合评价表

工件编号：　　　　　　　　　　　　　　　　　　　　　总得分：

项目	序号	技术要求	配分	评分标准	检测记录	得分
机床操作（20%）	1	正确开启机床、检测	4	不正确、不合理无分		
	2	机床返回参考点	4	不正确、不合理无分		
	3	程序的输入及修改	4	不正确、不合理无分		
	4	程序空运行轨迹检查	4	不正确、不合理无分		
	5	对刀的方式、方法	4	不正确、不合理无分		
程序与工艺（20%）	6	程序格式规范	4	不合格每处扣1分		
	7	程序正确、完整	8	不合格每处扣2分		
	8	工艺合理	8	不合格每处扣2分		

续表

工件编号：　　　　　　　　　　　　　　　　　　　　　总得分：

项目	序号	技术要求	配分	评分标准	检测记录	得分
零件质量（50%）	9	2mm	3	超差不得分		
	10	2.5mm	3	超差不得分		
	11	14.5mm	3	超差不得分		
	12	17.5mm	3	超差不得分		
	13	25mm				
	14	35mm				
	15	长半轴35、短半轴21	10	超差不得分		
	16	长半轴25、短半轴21	10	超差不得分		
	17	$M30\times2$ 外螺纹	5	超差不得分		
	18	$M30\times2$ 内螺纹	5	超差不得分		
	19	4mm	3	超差不得分		
	20					
安全文明生产（10%）	21	安全操作	5	不按安全操作规程操作全扣分		
	22	机床清理	5	不合格全扣分		
总配分			100			

二、展示评价（小组评价）

把个人制作好的“蛋”形零件进行分组展示，再由小组推荐代表作必要的介绍。在展示过程中，以组为单位进行评价；评价完后，根据其他组成员对本组展示成果的评价意见进行归纳总结，完成如下项目。

（1）展示的“蛋”形零件符合技术标准吗？

合格□　　　不良□　　　返修□　　　报废□

（2）本小组介绍成果表达是否清晰？

很好□　　　一般，常补充□　　　不清晰□

（3）本小组演示的“蛋”形零件检测方法操作正确吗？

正确□　　　部分正确□　　　不正确□

（4）本小组演示操作时遵循了“7S”的工作要求吗？

符合工作要求□　　　忽略了部分要求□　　　完全没有遵循□

（5）本小组的检测量具、量仪保养完好吗？

很好□　　　一般□　　　不合要求□

（6）本小组的成员团队创新精神如何？

很好□　　　一般□　　　不足□

三、教师评价

教师对展示的作品分别作评价：

（1）找出各组的优点进行点评。

（2）对展示过程中各组的缺点进行点评，提出改进方法。

（3）对整个任务完成中出现的亮点和不足进行点评。

四、总结提升

1）根据“蛋”形零件加工质量及完成情况，分析“蛋”形零件编程与加工中的不合理处及其原因并提出改进意见，填入表6-21中。

表6-21　“蛋”形零件加工不合理处及改进意见

序号	工作内容	不合理处	不合理原因	改进意见
1	零件工艺处理与编程			
2	零件数控车加工			
3	零件质量			

2）试结合自身任务完成情况，通过交流讨论等方式较全面规范撰写本次任务的工作总结。

工作总结（心得体会）

评价与分析

表 6-22　学习任务六评价表

班级：　　　　　　　　学生姓名：　　　　　　　　学号：

项目	自我评价			小组评价			教师评价		
	10～9	8～6	5～1	10～9	8～6	5～1	10～9	8～6	5～1
	占总评 10%			占总评 30%			占总评 60%		
学习活动 1									
学习活动 2									
学习活动 3									
学习活动 4									
表达能力									
协作精神									
纪律观念									
工作态度									
分析能力									
操作规范性									
任务总体表现									
小计									
总评									

任课教师：　　　　　　年　　月　　日

学习任务七　两件套圆弧圆锥螺纹配合件的数控车加工

学习目标

1. 能阅读生产任务单，明确工作任务，制订出合理的工作进度计划。
2. 能够根据两件套圆弧圆锥螺纹配合件实物，绘制出两件套圆弧圆锥螺纹配合件的零件图。
3. 掌握两件套圆弧圆锥螺纹配合件基准（装配基准、设计基准等）的确定方法。
4. 掌握两件套圆弧圆锥螺纹配合件工艺尺寸链的确定方法。
5. 能根据两件套圆弧圆锥螺纹配合件零件图样，制订数控车削加工工艺。
6. 能合理制订两件套圆弧圆锥螺纹配合件加工工时的预估方法。
7. 掌握两件套圆弧圆锥螺纹配合件上基点的计算方法。
8. 能较好掌握两件套圆弧圆锥螺纹配合件相关量具、量仪的使用及保养方法。
9. 能较好分析两件套圆弧圆锥螺纹配合件加工误差产生的原因。

建议学时

50 学时

学习过程

学习活动 1　两件套圆弧圆锥螺纹配合件的加工工艺分析与编程

一、生产任务单

1）阅读生产任务单（见表 7-1）。

表 7-1　两件套圆弧圆锥螺纹配合件生产任务单

单位名称		材料与数量		完成时间	年　月　日
序号	产品名称	材料	生产数量	技术标准、质量要求	
1	两件套圆弧圆锥螺纹配合件	45 钢	30 件	按图样要求	

续表

单位名称		材料与数量		完成时间		年　月　日
序号	产品名称	材料	生产数量	技术标准、质量要求		
2						
3						
生产批准时间		年　月　日	批准人			
通知任务时间		年　月　日	发单人			
接单时间		年　月　日	接单人		生产班组	数控车工组

2）查阅资料，从工艺品的特性考虑，说明实际生活中两件套圆弧圆锥螺纹配合件的用途。

3）本生产任务工期为20天，试依据任务要求，制订合理的工作计划（见表7-2），并根据小组成员的特点进行分工。

表7-2　工作计划表

序号	工作内容	时间	成员	责任人
1	零件图绘制			
2	基准的确定			
3	工艺分析			
4	工艺尺寸链的确定			
5	数控车削加工			
6	加工工时的预估方法			
7	基点的计算方法			
8	量具、量仪的使用及保养方法			
9	加工误差产生的原因			

二、根据两件套圆弧圆锥螺纹配合件实物，绘制零件图

零件图的绘制方法已在前面学习任务中介绍过，这里不再叙述。实物如图7-1所示。

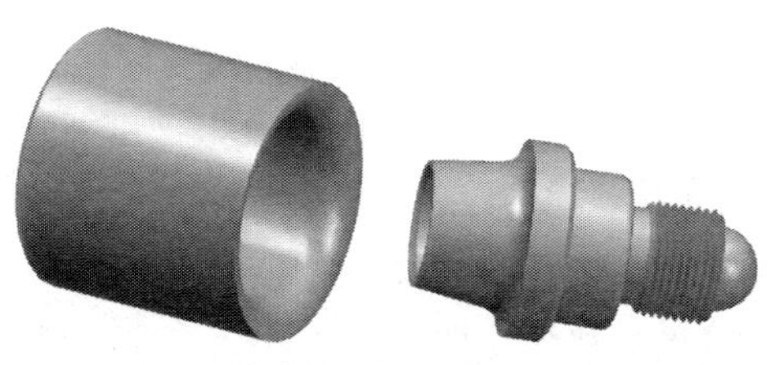

图7-1　两件套圆弧圆锥螺纹配合件实物

三、根据两件套圆弧圆锥螺纹配合件图样，明确基准定位方法

此部分内容已在前面学习任务中介绍过，此处不再叙述。

四、根据两件套圆弧圆锥螺纹配合件图样，确定该图样的工艺尺寸链

零件的工艺尺寸链内容已在前面学习任务中介绍过，这里不再叙述。

五、数控车削加工工艺分析

此部分内容已在前面学习任务中介绍过，此处不再叙述。

六、两件套圆弧圆锥螺纹配合件数控车削加工工艺分析

图 7-2 是两件套圆弧圆锥螺纹配合件零件图，毛坯直径 ϕ50mm×90mm，ϕ50mm×50mm，共计两块，材料 45 钢，所用数控车床为 CK6136A，其数控车削加工工艺分析如下。

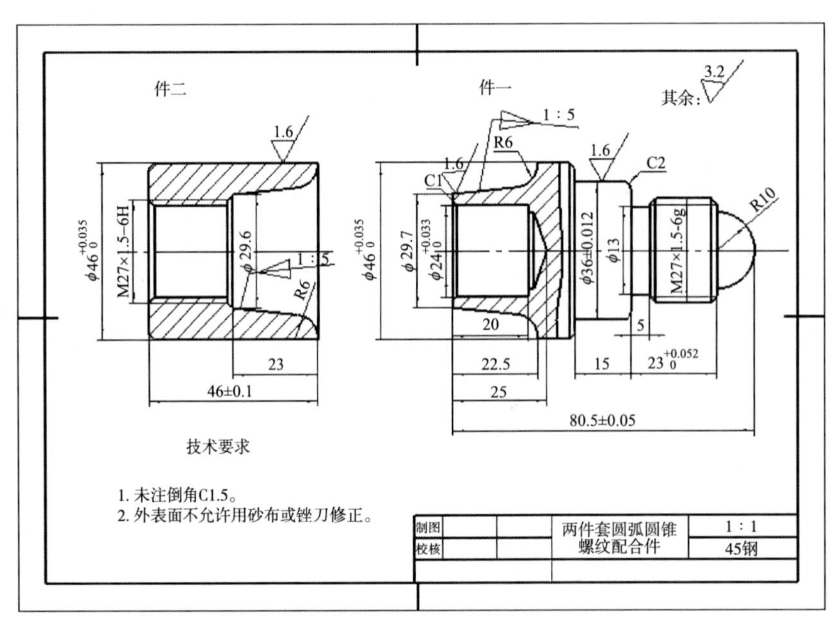

图 7-2　两件套圆弧圆锥螺纹配合件零件图样

1. 零件图工艺分析

该零件表面由圆柱、倒角、矩形沟槽、内外螺纹、顺圆弧及逆圆弧、内孔等组成。尺寸精度和表面粗糙度都有严格要求，有几处表面粗糙度要达到 1.6，无热处理和硬度要求。该零件属于一个典型的圆弧螺纹配合件。

通过上述分析，采取以下几点工艺措施。

(1) 先粗车掉大部分余量，在粗车时不要产生“过切”现象，粗车的同时为精加工留一定的余量。粗车最后一刀时按照轮廓轨迹走一刀，为精加工留下均匀的余量。

(2) 精车到图纸尺寸。精车时，采用一次性走刀将零件轮廓加工完整。为保证工件轮廓表面加工后的粗糙度要求，精加工时，最终轮廓应安排在最后一次走刀连续加工出

来。刀具的进退刀路线要认真考虑，以尽量减少在轮廓处停刀，以避免切削力（大小、方向）突然变化造成弹性变形而留下刀痕。一般应沿着零件表面的切向切入和切出，尽量避免沿工件轮廓面垂直方向进、退刀而划伤工件。

（3）车内孔时，内孔刀装夹时，刀尖必须与工件中心等高或稍高一些。如装得低于工件中心，由于切削力的作用，容易产生“扎刀”现象，而把内孔车得过大。车孔刀装夹后，在正式切削前，应用手摇动大拖板，使得车孔刀在毛坯孔内试走一遍，以防车孔时由于刀杆装得歪斜而使得车孔刀杆碰到内孔表面。

车孔时，由于刀杆刚性较差，容易引起振动，因此切削用量应比车外圆时小些。其注意事项有以下几点。

①要注意中拖板的退刀方向与车圆外相反，车孔余量时，内孔直径要缩小。

②测量内孔时，要注意工件的热胀冷缩现象，特别是薄壁套类零件，要防止因冷缩而使得孔径达不到要求的尺寸。

③精车内孔时，要保持刀刃锋利，否则容易产生“让刀”而把孔车成锥形。

④加工较小的盲孔或阶台孔时，一般采用麻花钻钻孔，再用平头钻加工底平面。最后用盲孔刀加工孔径和底面。在装夹盲孔车刀时，刀尖应严格对准工件旋转中心，否则低平面无法车平。

⑤车小孔时应随时注意排屑，防止因内孔被切屑堵塞而使工件车成废品。

⑥用高速钢车孔刀加工塑性材料时，要采用合适的切削液进行冷却。

⑦进行切断。切断刀在对刀时，最好使用右刀尖对刀比较容易保证尺寸。

2. 确定装夹方案

由于给出的材料长度为200mm，比较长，所以不需要采用一夹一顶的方式加工，只需要用三爪自定心卡盘夹持毛坯材料的一端即可。所以本零件选用三爪自定心卡盘作为夹具，其装夹如图7-3所示。

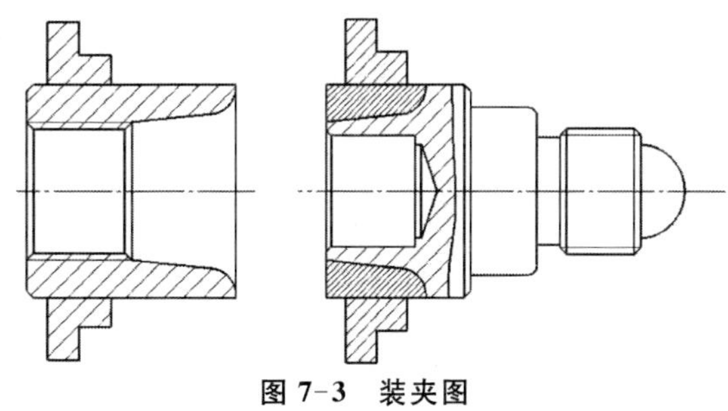

图7-3　装夹图

3. 确定加工顺序及进给路线

加工顺序按由粗到精、由近到远（由右到左）原则确定。即先从右到左进行粗车（留0.5mm精车余量），然后从右到左进行精车，最后进行切断。

4. 本零件所选数控刀具

（1）粗车凹圆弧时为防止副后刀面与工件轮廓干涉（可用作图法检验），正、反偏刀副偏角都不宜太小，故选 $k_r=35°$。

（2）粗车外圆时选93°外圆刀，粗车内孔时选内孔刀。

（3）为减少刀具数量和换刀次数，粗、精车选用同一把刀，刀尖圆弧半径应小于轮廓最小圆角半径，取 $r_\varepsilon=0.15\sim0.4$mm。

（4）加工外螺纹时选60°外螺纹刀，加工内螺纹时选60°内螺纹刀。

（5）切槽和切断选刀宽为4mm的机卡切断刀进行切断。

将所定的刀具参数填入表7-3数控加工刀具卡片中，以便于编程和操作管理。

表 7-3　数控加工刀具卡片

产品名称或代号	配合件数控加工	零件名称	两件套圆弧圆锥螺纹配合件	零件图号	MDJJSXY-07
刀具号	刀具名称	数量	加工内容	刀尖半径/mm	刀具规格/mm×mm
T01	93°外圆刀	1	粗、精车轮廓	0.8	20×20
T02	内孔刀	1	粗、精车轮廓	0.8	20×20
T03	60°外螺纹刀	1	外螺纹	0.8	20×20
T04	60°内螺纹刀	1	内螺纹	0.8	20×20
T05	切断刀	1	切槽、切断		20×20
编制	审核		批准	第　页	共　页

5. 切削用量的选择

（1）本次零件加工粗车 $n=1000\text{r/min}$，精车 $n=1600\text{r/min}$。

（2）本次零件加工粗车、精车进给量 f 分别为 0.3mm/r 和 0.1mm/r，进给速度分别为 200mm/min 和 100mm/min。

将前面分析的各项内容综合成表 7-4 所示的数控加工工艺卡片。

表 7-4　两件套圆弧圆锥螺纹配合件数控加工工艺卡

单位名称	牡丹江技师学院	产品名称		配合件数控加工		图号	MDJJSXY－07	
		零件名称		两件套圆弧圆锥螺纹配合件	数量	30	第　页	
材料种类	碳钢	材料牌号	45 钢	毛坯尺寸	ϕ60mm×120mm		共　页	
工序号	工序内容	车间	设备	工具			计划工时	实际工时
				夹具	量具	刀具		
1	粗车外轮廓	数控车间	CK6136A	三爪自定心卡盘	千分尺 游标卡尺	93°外圆刀		
2	精车外轮廓	数控车间	CK6136A	三爪自定心卡盘	千分尺 游标卡尺	93°外圆刀		
3	粗车内轮廓	数控车间	CK6136A	三爪自定心卡盘	千分尺 游标卡尺	内孔刀		
4	精车内轮廓	数控车间	CK6136A	三爪自定心卡盘	千分尺 游标卡尺	内孔刀		
5	外螺纹	数控车间	CK6136A	三爪自定心卡盘	螺纹环规	60°外螺纹刀		
6	内螺纹	数控车间	CK6136A	三爪自定心卡盘	螺纹环规	60°内螺纹刀		
7	切槽、切断	数控车间	CK6136A	三爪自定心卡盘	千分尺 游标卡尺	切断刀		
更改号		拟定		校正		审核		批准
更改者								
日期								

七、编制程序

1）根据零件图样确定编程原点并在图 7-4 中标出。

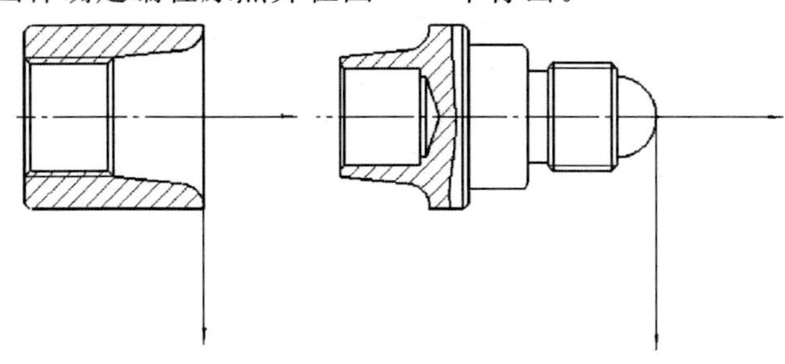

图 7-4　零件图样

2）本次学习任务所用数控指令介绍。

根据零件图样及加工工艺，结合所学数控系统，归纳出两件套圆弧圆锥螺纹配合件加工用到的编程指令（包括 G 代码指令和辅助指令），如表 7-5 所示。

表 7-5　两件套圆弧圆锥螺纹配合件加工用到的编程指令

序号	选择的指令	指令格式
1	G00	G00X _Z _；
2	G01	G01　X _Z _F _；
3	G02	G02　X _Z _R _；
4	G03	G03　X _Z _R _；
5	G73	G73U（Δi）　W（Δk）　R（Δd） G73P（ns）　Q（nf）　U（Δu）　W（Δw）　F××S××T××
6	G71	G71　U（Δd）　R（e） G71　P（ns）　Q（nf）　U（Δu）　W（Δw）　F××
7	G70	G70　P（ns）　Q（nf）
8	G76	G76　P（m）（r）（α）　Q（Δdmin）　R（d） G76　X（U）_Z（W）_R（i）　P（k）　Q（Δd）　F_
9	M 功能	M××
10	T 功能	T××××
11	S 功能	S××××
12	F 功能	F××××

（1）为了保证零件的加工精度，在加工过程中应多次进行测量，试考虑在程序中如何实现这一环节。

（2）根据零件加工步骤及工艺分析，完成两件套圆弧圆锥螺纹配合件数控加工程序的编制（见表 7-6～表 7-9）。

表 7-6　两件套圆弧圆锥螺纹配合件件一左端加工程序

程序段号	两件套圆弧圆锥螺纹配合件（件一左端）	O0001；
	加工程序	程序说明
N10		
N20		
N30		
N40		
N50		
N60		
N70		
N80		
N90		
N100		
N110		
N120		
N130		

表 7-7　两件套圆弧圆锥螺纹配合件件一右端加工程序

程序段号	两件套圆弧圆锥螺纹配合件（件一右端）	O0001；
	加工程序	程序说明
N10		
N20		
N30		
N40		
N50		
N60		
N70		
N80		
N90		
N100		
N110		
N120		
N130		
N140		
N150		

表 7-8　两件套圆弧圆锥螺纹配合件件二左端加工程序

程序段号	两件套圆弧圆锥螺纹配合件（件二左端）	O0001：
	加工程序	程序说明
N10		
N20		
N30		
N40		
N50		
N60		
N70		
N80		
N90		
N100		
N110		
N120		
N130		

表 7-9　两件套圆弧圆锥螺纹配合件件二右端加工程序

程序段号	两件套圆弧圆锥螺纹配合件（件二右端）	O0001：
	加工程序	程序说明
N10		
N20		
N30		
N40		
N50		
N60		
N70		
N80		
N90		
N100		
N110		
N120		
N130		
N140		
N150		

学习活动 2　两件套圆弧圆锥螺纹配合件的数控车加工

学习目标

1. 能根据两件套圆弧圆锥螺纹配合件的零件图样，确定符合加工要求的工具、量具、夹具及辅件。
2. 能按图样要求，测量毛坯尺寸，判断毛坯是否有足够的加工余量。
3. 能正确装夹工件，并对其进行找正。
4. 能正确选择本次任务所需的切削液。
5. 能在两件套圆弧圆锥螺纹配合件加工过程中，严格按照数控车床操作规程操作机床。
6. 能合理制订两件套圆弧圆锥螺纹配合件加工工时的预估方法。
7. 掌握两件套圆弧圆锥螺纹配合件数控车削加工及质量保证方法。
8. 能较好掌握两件套圆弧圆锥螺纹配合件相关量具、量仪的使用及保养方法。
9. 能较好分析两件套圆弧圆锥螺纹配合件加工误差产生的原因。

建议学时

30 学时

学习过程

一、加工准备

1）领取工具、量具、刃具。

填写工具、量具、刃具清单（见表 7-10），并领取工具、量具、刃具。

表 7-10　工具、量具、刃具清单

序号	名称	规格（精度）	数量	备注
1	外径千分尺	0～25mm	1	
2	游标卡尺	0～150mm	1	
3	磁力表座		1	
4	百分表		1	
5	内孔刀		1	
6	切断刀	ZQS2020R-4018K-K	1	
7	93°外圆刀	MWLNR2020K08	1	

续表

序号	名称	规格（精度）	检测内容	备注
8	60°外螺纹刀		1	
9	60°内螺纹刀		1	
10	铜皮、铜棒		自定	
11	毛刷、棉纱		1	
12	套筒扳手、套筒		各 1	
13	刀架扳手		1	
14	卡盘扳手		1	
15	钢直尺	150mm	1	

2）领取毛坯料。

填写领料单，领取毛坯料，并测量毛坯外形尺寸，判断毛坯是否有足够的加工余量。

二、零件加工

1）记录程序输入时产生的报警号，并说明产生报警的原因及解决办法（见表 7-11）。

表 7-11　程序输入时产生的报警记录

报警号	报警内容	报警原因	解决办法

2）自动加工。

（1）为了保证零件加工精度，在粗加工后检测零件各部分的尺寸，记录并确定补偿值（见表 7-12）。

表 7-12　零件检测记录表

序号	直径测量数据	补偿数据（X 轴磨耗）	长度测量数据	补偿数据（Z 轴磨耗）

（2）加工中注意观察刀具切削情况，记录加工中不合理的因素（例如，切削用量、加工路径是否合理，刀具是否有干涉），以便于纠正，提高工作效率（见表 7-13）。

表 7-13　两件套圆弧圆锥螺纹配合件加工中遇到的问题

问题	产生原因	预防措施或改进办法

3）案例分析：在加工完两件套圆弧圆锥螺纹配合件右端轮廓后，发现表面粗糙度不好，试说明原因并提出解决方法。

4）案例分析：在加工完两件套圆弧圆锥螺纹配合件右端轮廓后，发现端面中心处有小凸台，试分析产生的原因并提出解决方法。

三、保养机床、清理场地

加工完毕后，按照图样要求进行自检，正确放置零件，并进行产品交接确认；按照国家环保相关规定和车间要求整理现场，清扫切屑，保养机床，并正确处置废油液等废弃物；按车间规定填写交接班记录和设备日常保养记录卡（见表 7-14）。

表 7-14　设备日常保养记录卡

设备名称：　　　设备编号：　　　使用部门：　　　保养年月：　　　存档编码：

日期 保养内容	1	2	3	4	5	6	7	8	9	10	11	12	13	14	15	16	17	18	19	20	21	22	23	24	25	26	27	28	29	30	31
环境卫生																															
机身整洁																															
加油润滑																															
工具整齐																															
电气损坏																															
机械损坏																															
保养人																															
机械异常备注																															

审核人：　　　　　　　　　　　　　　　　　　　　　　　　　年　月　日

注：保养后，用“√”表示日保；“△”表示月保；“Y”表示一级保养；“X”表示有损坏或异常现象，应在“机械异常备注”栏给予记录。

学习活动3　两件套圆弧圆锥螺纹配合件的检验与质量分析

学习目标

1. 能够根据两件套圆弧圆锥螺纹配合件实物，合理选择检验工具和量具，确定检测方法。

2. 能正确规范地使用工具、量具对两件套圆弧圆锥螺纹配合件进行检验，并对工具、量具进行合理保养和维护。

3. 能够根据两件套圆弧圆锥螺纹配合件的测量结果，分析误差产生的原因，并提出修改意见。

4. 能按检验室管理要求，正确放置检验用工具、量具。

建议学时

10学时

学习过程

一、明确测量要素，领取检测用工具、量具

1）两件套圆弧圆锥螺纹配合件上有哪些要素需要测量?

2）根据两件套圆弧圆锥螺纹配合件需要测量的要素，写出检测两件套圆弧圆锥螺纹配合件所需的工具、量具，并填入表7-15中。

表7-15　检测两件套圆弧圆锥螺纹配合件所需的工具、量具

序号	名　称	规格（精度）	检测内容	备注
1	千分尺	0～25mm	直径尺寸	
2	游标卡尺	0～150mm	长度尺寸	
3	测量圆弧直读式游标卡尺		圆弧尺寸	
4	三坐标测量仪		直径、长度、圆弧尺寸	
5	圆弧样板（R规）		圆弧尺寸	
6	锥度塞尺		锥度尺寸	
7	万能角度尺		锥度尺寸	

3）案例分析：在检测两件套圆弧圆锥螺纹配合件零件尺寸过程中，用到了几种检测方法？

二、检测零件，填写两件套圆弧圆锥螺纹配合件质量检验单

1）根据图样要求，自检两件套圆弧圆锥螺纹配合件零件，并完成零件质量检验单（见表7-16）。

表7-16　两件套圆弧圆锥螺纹配合件质量检验单

项目	序号	检测内容	检测结果	结论
长度	1	15mm		
	2	20mm		
	3	22.5mm		
	4	23mm		
	5	46mm		
	6	80.5mm		
圆弧	7	R2mm		
	8	R6mm		
	9	R10mm		
外圆	10	ϕ23mm		
	11	ϕ24mm		
	12	ϕ36mm		
	13	ϕ46mm		
锥度	14	锥度1∶5		
外螺纹	15	$M27\times1.5$		
内螺纹	16	$M27\times1.5$		
表面质量	17	$R_a1.6\mu m$		
两件套圆弧圆锥螺纹配合件检测结论				
产生不合格品的情况分析				

2）案例分析：利用圆弧样板检测两件套圆弧圆锥螺纹配合件零件圆弧尺寸R6mm，发现接触面积偏小，试分析接触面积不合格的原因，并提出纠正方法。

三、提出工艺方案修改意见

对不合格项目进行分析，小组讨论提出修改意见（见表 7-17）。

表 7-17　不合格项目分析

不合格项目	产生原因	修改意见
尺寸不对		
圆弧曲线误差		
表面粗糙度达不到要求		

学习活动 4　工作总结与评价

学习目标

1. 能够根据两件套圆弧圆锥螺纹配合件实物，合理选择检验工具和量具，确定检测方法。
2. 能正确规范地使用工具、量具对两件套圆弧圆锥螺纹配合件进行检验，并对工具、量具进行合理保养和维护。
3. 能够根据两件套圆弧圆锥螺纹配合件的测量结果，分析误差产生的原因，并提出修改意见。
4. 能按检验室管理要求，正确放置检验用工具、量具。

建议学时

10 学时

学习过程

一、自我评价

表 7-18　两件套圆弧圆锥螺纹配合件加工综合评价表

工件编号：　　　　　　　　　　　　　　　　　　　　总得分：

项目	序号	技术要求	配分	评分标准	检测记录	得分
机床操作（20%）	1	正确开启机床、检测	4	不正确、不合理无分		
	2	机床返回参考点	4	不正确、不合理无分		
	3	程序的输入及修改	4	不正确、不合理无分		
	4	程序空运行轨迹检查	4	不正确、不合理无分		
	5	对刀的方式、方法	4	不正确、不合理无分		

续表

工件编号：　　　　　　　　　　　　　　　　　　　　　　总得分：

项目	序号	技术要求	配分	评分标准	检测记录	得分
程序与工艺（20%）	6	程序格式规范	4	不合格每处扣 1 分		
	7	程序正确、完整	8	不合格每处扣 2 分		
	8	工艺合理	8	不合格每处扣 2 分		
零件质量（50%）	9	15mm	3	超差不得分		
	10	20mm	3	超差不得分		
	11	22.5mm	3	超差不得分		
	12	23mm	3	超差不得分		
	13	46mm	3	超差不得分		
	14	80.5mm	3	超差不得分		
	15	R2mm	3	超差不得分		
	16	R6mm	3	超差不得分		
	17	R10mm	3	超差不得分		
	18	ϕ23mm	3	超差不得分		
	19	ϕ24mm	3			
	20	ϕ36mm	3			
	21	ϕ46mm	2			
	22	锥度 1∶5	3			
	23	$M27\times1.5$	3			
	24	$M27\times1.5$	3			
	25	R_a1.6μm	3			
安全文明生产（10%）	26	安全操作	5	不按安全操作规程操作全扣分		
	27	机床清理	5	不合格全扣分		
总配分			100			

二、展示评价（小组评价）

把个人制作好的两件套圆弧圆锥螺纹配合件进行分组展示，再由小组推荐代表作必要的介绍。在展示过程中，以组为单位进行评价；评价完后，根据其他组成员对本组展示成果的评价意见进行归纳总结，完成如下项目。

（1）展示的两件套圆弧圆锥螺纹配合件符合技术标准吗？

合格□　　　不良□　　　返修□　　　报废□

（2）本小组介绍成果表达是否清晰？

很好□　　　一般，常补充□　　　不清晰□

（3）本小组演示的两件套圆弧圆锥螺纹配合件检测方法操作正确吗？

正确□　　　部分正确□　　　不正确□

（4）本小组演示操作时遵循了“7S”的工作要求吗？

符合工作要求□　　　忽略了部分要求□　　　完全没有遵循□

（5）本小组的检测量具、量仪保养完好吗？

很好□　　　一般□　　　不合要求□

（6）本小组的成员团队创新精神如何？

很好□　　　一般□　　　不足□

三、教师评价

教师对展示的作品分别作评价：

（1）找出各组的优点进行点评。

（2）对展示过程中各组的缺点进行点评，提出改进方法。

（3）对整个任务完成中出现的亮点和不足进行点评。

四、总结提升

1）根据两件套圆弧圆锥螺纹配合件加工质量及完成情况，分析两件套圆弧圆锥螺纹配合件编程与加工中的不合理处及其原因并提出改进意见，填入表 7-19 中。

表 7-19　两件套圆弧圆锥螺纹配合件加工不合理处及改进意见

序号	工作内容	不合理处	不合理原因	改进意见
1	零件工艺处理与编程			
2	零件数控车加工			
3	零件质量			

2）试结合自身任务完成情况，通过交流讨论等方式较全面规范撰写本次任务的工作总结。

工作总结（心得体会）

评价与分析

表 7-20　学习任务七评价表

班级：　　　　　　　　学生姓名：　　　　　　　　学号：

项目	自我评价			小组评价			教师评价		
	10～9	8～6	5～1	10～9	8～6	5～1	10～9	8～6	5～1
	占总评 10%			占总评 30%			占总评 60%		
学习活动 1									
学习活动 2									
学习活动 3									
学习活动 4									
表达能力									
协作精神									
纪律观念									
工作态度									
分析能力									
操作规范性									
任务总体表现									
小计									
总评									

任课教师：　　　　　　　　年　　月　　日

学习任务八　两件套椭圆螺纹配合件的数控车加工

学习目标

1. 能阅读生产任务单，明确工作任务，制订出合理的工作进度计划。

2. 能够根据两件套椭圆螺纹配合件实物，绘制出两件套椭圆螺纹配合件的零件图。

3. 掌握两件套椭圆螺纹配合件基准（装配基准、设计基准等）的确定方法。

4. 掌握两件套椭圆螺纹配合件工艺尺寸链的确定方法。

5. 能根据两件套椭圆螺纹配合件零件图样，制订数控车削加工工艺。

6. 能合理制订两件套椭圆螺纹配合件加工工时的预估方法。

7. 掌握两件套椭圆螺纹配合件上基点的计算方法。

8. 能较好掌握两件套椭圆螺纹配合件相关量具、量仪的使用及保养方法。

9. 能较好分析两件套椭圆螺纹配合件加工误差产生的原因。

建议学时

50 学时

学习过程

学习活动 1　两件套椭圆螺纹配合件的加工工艺分析与编程

一、生产任务单

1）阅读生产任务单（见表 8-1）。

表 8-1　两件套椭圆螺纹配合件生产任务单

单位名称		材料数量		完成时间		年　月　日
序号	产品名称	材料	生产数量	技术标准、质量要求		
1	两件套椭圆螺纹配合件	45 钢	30 件	按图样要求		
2						
3						

续表

单位名称		材料数量		完成时间		年 月 日
序号	产品名称	材料	生产数量	技术标准、质量要求		
4						
生产批准时间		年 月 日	批准人			
通知任务时间		年 月 日	发单人			
接单时间		年 月 日	接单人		生产班组	数控车工组

2）查阅资料，从工艺品的特性考虑，说明实际生活中两件套椭圆螺纹配合件的用途。

3）本生产任务工期为 20 天，试依据任务要求，制订合理的工作计划（见表 8-2），并根据小组成员的特点进行分工。

表 8-2 工作计划表

序号	工作内容	时间	成员	责任人
1	零件图绘制			
2	基准的确定			
3	工艺分析			
4	工艺尺寸链的确定			
5	数控车削加工			
6	加工工时的预估方法			
7	基点的计算方法			
8	量具、量仪的使用及保养方法			
9	加工误差产生的原因			

二、根据两件套椭圆螺纹配合件实物，绘制零件图

零件图的绘制方法已在前面学习任务中介绍过，这里不再叙述。实物如图 8-1 所示。

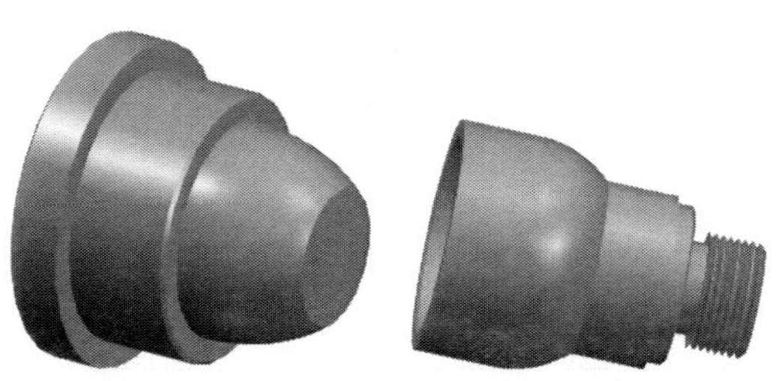

图 8-1 两件套椭圆螺纹配合件实物

三、根据两件套椭圆螺纹配合件图样，明确基准定位方法

此部分内容在前面章节中介绍过，这里不再叙述。

四、根据两件套椭圆螺纹配合件图样，确定该图样的工艺尺寸链

零件的工艺尺寸链内容已在前面学习任务中介绍过，这里不再叙述。

五、数控车削加工工艺分析

一名合格的数控车床操作工首先必须是一名合格的工序员，全面了解数控车削加工的工艺理论对数控编程和操作技能有极大的帮助。本学习任务是两件套椭圆螺纹配合件数控加工，主要解决的问题是杯体的图样设计，上面基点的计算方法以及零件的装夹、工艺路线的制订、工序与工步的划分、刀具的选择、切削用量的确定等数控车削工艺内容。

六、两件套椭圆螺纹配合件数控车削加工工艺分析

图 8-2 是两件套椭圆螺纹配合件零件图，毛坯直径 ϕ60mm×60mm，ϕ60mm×90mm，共计两块。材料为 45 钢，所用数控车床为 CK6136A，其数控车削加工工艺分析如下。

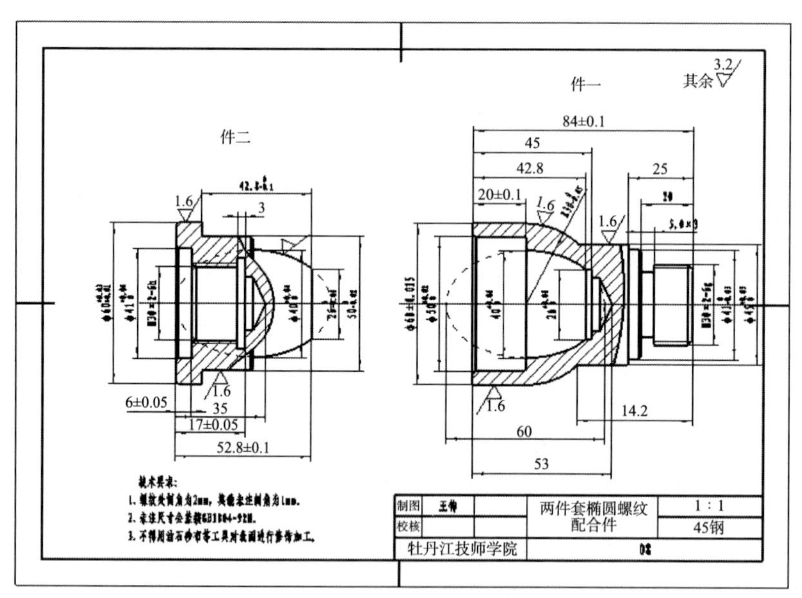

图 8-2　两件套椭圆螺纹配合件零件图样

1. 零件图工艺分析

该零件为轴套类零件。表面由外圆柱面，阶梯外圆面，退刀槽，内外螺纹及内孔，内槽，椭圆面等表面组成，其中 ϕ50、ϕ60 这两个直径尺寸有较高的尺寸精度和表面粗糙度要求。表面粗糙度要求为 1.6μm，为了保证同轴度通常减小切削力和切削热的影响，粗精加工分开，使粗加工中的变形在精加工中得到纠正，其主要特点是内外圆柱面和相关

端面的形状。同轴度要求高，加工内螺纹时要与外螺纹配合进行加工，使其达到图纸要求的配合精度。加工时将上道工序切断的棒料进行装夹，加工右面的端面，采用粗车—半精车—精车—粗磨—抛光，加工时需要零件材料为 45 钢，毛坯尺寸为 ϕ60mm×60mm、ϕ60mm×90mm，共计两块，切削加工性能较好，无热处理和硬度要求。

通过上述分析，采取以下几点工艺措施。

（1）先粗车掉大部分余量，在粗车时不要产生“过切”现象，粗车的同时为精加工留一定的余量。粗车最后一刀时按照轮廓轨迹走一刀，为精加工留下均匀的余量。

（2）精车到图纸尺寸。精车时，采用一次性走刀将零件轮廓加工完整。为保证工件轮廓表面加工后的粗糙度要求，精加工时，最终轮廓应安排在最后一次走刀连续加工出来。刀具的进退刀路线要认真考虑，以尽量减少在轮廓处停刀，以避免切削力（大小、方向）突然变化造成弹性变形而留下刀痕。一般应沿着零件表面的切向切入和切出，尽量避免沿工件轮廓面垂直方向进、退刀而划伤工件。

（3）为便于装夹，毛坯左端应预先车出夹持部分，右端面也应先粗车，以充分保证同轴度。

（4）车内孔时，内孔刀装夹时，刀尖必须与工件中心等高或稍高一些。如果装得低于工件中心，由于切削力的作用，容易产生“扎刀”现象，而把内孔车的过大。车孔刀装夹后，在正式切削前，应用手摇动大拖板，使得车孔刀在毛坯孔内试走一遍，以防车孔时由于刀杆装得歪斜而使得车孔刀杆碰到内孔表面。

车孔时，由于刀杆刚性较差，容易引起振动，因此切削用量应比车外圆时小些。其注意事项有以下几点：

①要注意中拖板的退刀方向与车圆外相反，车孔余量时，内孔直径要缩小。

②测量内孔时，要注意工件的热胀冷缩现象，特别是薄壁套类零件，要防止因冷缩而使得孔径达不到要求的尺寸。

③精车内孔时，要保持刀刃锋利，否则容易产生“让刀”而把孔车成锥形。

④加工较小的盲孔或阶台孔时，一般采用麻花钻钻孔，再用平头钻加工底平面。最后用盲孔刀加工孔径和底面。在装夹盲孔车刀时，刀尖应严格对转工件旋转中心，否则低平面无法车平。

⑤车小孔时应随时注意排屑，防止因内孔被切屑堵塞而使工件车成废品。

⑥用高速钢车孔刀加工塑性材料时，要采用合适的切削液进行冷却。

（5）进行切断。切断刀在对刀时，最好使用右刀尖对刀比较容易保证尺寸。

2. 确定装夹方案

由于给出的材料长度为 200mm 比较长，所以不需要采用一夹一顶的方式加工，只需要用三爪自定心卡盘夹持毛坯材料的一端即可。所以本零件选用三爪自定心卡盘作为夹具，其装夹图如图 8-3 所示。

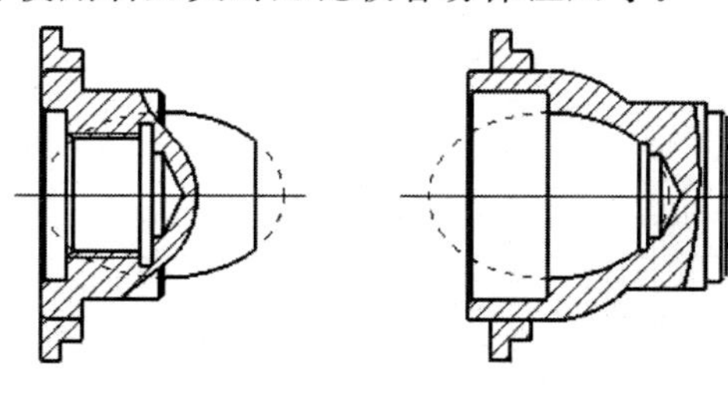

图 8-3　装夹图

3. 确定加工顺序及进给路线

加工顺序按由粗到精、由近到远（由右到左）原则确定。即先从右到左进行粗车（留 0.5mm 精车余量），然后从右到左进行精车，最后进行切断。

4. 本零件所选数控刀具

（1）粗车外圆时选 93°外圆刀，粗车内孔时选内孔刀。

（2）为减少刀具数量和换刀次数，加工外圆和内孔的粗、精车选同一把刀。

（3）加工外螺纹时选 60°外螺纹刀，加工内螺纹时选 60°内螺纹刀。

（4）切槽和切断选刀宽为 4mm 的机卡切断刀进行切断。

将所定的刀具参数填入表 8-3 中，以便于编程和操作管理。

表 8-3　数控加工刀具卡片

<table>
<tr><td colspan="2">产品名称或代号</td><td>配合件数控加工</td><td>零件名称</td><td colspan="2">螺纹轴套配合件</td><td>零件图号</td><td>MDJJSXY—07</td></tr>
<tr><td>刀具号</td><td colspan="2">刀具名称</td><td>数量</td><td colspan="2">加工内容</td><td>刀尖半径/mm</td><td>刀具规格/mm×mm</td></tr>
<tr><td>T01</td><td colspan="2">93°外圆刀</td><td>1</td><td colspan="2">粗车轮廓</td><td>0.8</td><td>20×20</td></tr>
<tr><td>T01</td><td colspan="2">93°外圆刀</td><td>1</td><td colspan="2">精车轮廓</td><td>0.8</td><td>20×20</td></tr>
<tr><td>T02</td><td colspan="2">内孔刀</td><td>1</td><td colspan="2">粗车轮廓</td><td>0.4</td><td>20×20</td></tr>
<tr><td>T02</td><td colspan="2">内孔刀</td><td>1</td><td colspan="2">精车轮廓</td><td>0.4</td><td>20×20</td></tr>
<tr><td>T03</td><td colspan="2">60°外螺纹刀</td><td>1</td><td colspan="2">外螺纹</td><td>0.4</td><td>20×20</td></tr>
<tr><td>T04</td><td colspan="2">60°内螺纹刀</td><td>1</td><td colspan="2">内螺纹</td><td>0.4</td><td>20×20</td></tr>
<tr><td>T05</td><td colspan="2">切断刀</td><td>1</td><td colspan="2">切槽、切断</td><td></td><td>20×20</td></tr>
<tr><td>编制</td><td></td><td>审核</td><td></td><td>批准</td><td></td><td>第　页</td><td>共　页</td></tr>
</table>

5. 切削用量的选择

（1）本次零件加工粗车循环时 a_p=2mm，精车 a_p=0.25mm。

（2）本次零件加工粗车 n=1000r/min，精车 n=1600r/min。

（3）本次零件加工粗车、精车进给量 f 分别为 0.3mm/r 和 0.1mm/r，进给速度分别为 200mm/min 和 100mm/min。

将前面分析的各项内容综合成表 8-4。

表 8-4　两件套椭圆螺纹配合件数控加工工艺卡

<table>
<tr><td rowspan="2">单位名称</td><td rowspan="2">牡丹江技师学院</td><td colspan="2">产品名称</td><td colspan="3">配合件数控加工</td><td>图号</td><td>MDJJSXY-07</td></tr>
<tr><td colspan="2">零件名称</td><td colspan="2">两件套椭圆螺纹配合件</td><td>数量</td><td>30</td><td>第　页</td></tr>
<tr><td>材料种类</td><td>碳钢</td><td>材料牌号</td><td>45 钢</td><td colspan="2">毛坯尺寸</td><td colspan="2">φ60mm×120mm</td><td>共　页</td></tr>
<tr><td rowspan="2">工序号</td><td rowspan="2">工序内容</td><td rowspan="2">车间</td><td rowspan="2">设备</td><td colspan="3">工具</td><td rowspan="2">计划工时</td><td rowspan="2">实际工时</td></tr>
<tr><td>夹具</td><td>量具</td><td>刀具</td></tr>
<tr><td>1</td><td>粗车轮廓</td><td>数控车间</td><td>CK6136A</td><td>三爪自定心卡盘</td><td>千分尺游标卡尺</td><td>93°外圆刀</td><td>1</td><td></td></tr>
</table>

续表

单位名称	牡丹江技师学院	产品名称		配合件数控加工			图号	MDJJSXY-07
		零件名称		两件套椭圆螺纹配合件		数量	30	第　页
材料种类	碳钢	材料牌号	45 钢	毛坯尺寸		ϕ60mm×120mm		共　页
工序号	工序内容	车间	设备	工具			计划工时	实际工时
				夹具	量具	刃具		
2	精车轮廓	数控车间	CK6136A	三爪自定心卡盘	千分尺 游标卡尺	93°外圆刀	2	
3	粗车轮廓	数控车间	CK6136A	三爪自定心卡盘	千分尺 游标卡尺	内孔刀	3	
4	精车轮廓	数控车间	CK6136A	三爪自定心卡盘	千分尺 游标卡尺	内孔刀	4	
5	外螺纹	数控车间	CK6136A	三爪自定心卡盘	千分尺 游标卡尺	60°外螺纹刀	5	
6	内螺纹	数控车间	CK6136A	三爪自定心卡盘	千分尺 游标卡尺	60°内螺纹刀	6	
7	切槽、切断	数控车间	CK6136A	三爪自定心卡盘	千分尺 游标卡尺	切断刀	7	
更改号		拟定		校正		审核		批准
更改者								
日期								

七、编制程序

1）根据零件图样确定编程原点并在图 8-4 中标出。

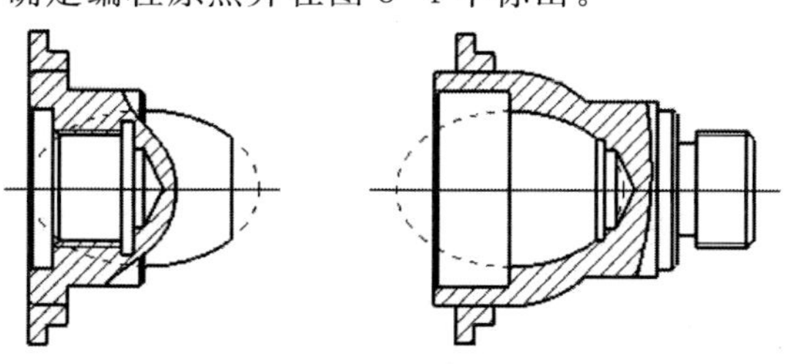

图 8-4　装夹图

2）本次学习任务所用数控指令介绍。

根据零件图样及加工工艺，结合所学数控系统，归纳出两件套椭圆螺纹配合件加工用到的编程指令（包括 G 代码指令和辅助指令，见表 8-5）。

表 8-5　两件套椭圆螺纹配合件加工用到的编程指令

序号	选择的指令	指令格式
1	G00	G00X _Z _；
2	G01	G01　X _Z _F _；
3	G02	G02　X _Z _R _；
4	G03	G03　X _Z _R _；
5	G71	G71　U（Δd）　R（e） G71　P（ns）　Q（nf）　U（Δu）　W（Δw）　F××
6	G70	G70　P（ns）　Q（nf）
7	G76	G76　P（m）（r）（α）　Q（Δdmin）　R（d） G76　X（U）_Z（W）_R（i）　P（k）　Q（Δd）　F_
8	M 功能	M××
9	T 功能	T××××
10	S 功能	S××××
11	F 功能	F××××

3）为了保证零件的加工精度，在加工过程中应多次进行测量，试考虑在程序中如何实现这一环节。

4）根据零件加工步骤及工艺分析，完成两件套椭圆螺纹配合件数控加工程序的编制（见表 8-6～表 8-9）。

表 8-6　两件套椭圆螺纹配合件件一左端加工程序

程序段号	两件套椭圆螺纹配合件件一（左端）	O0001；
	加工程序	程序说明
N10		
N20		
N30		
N40		
N50		
N60		
N70		
N80		
N90		
N100		
N110		
N120		
N130		

表 8-7　两件套椭圆螺纹配合件件一右端加工程序

程序段号	两件套椭圆螺纹配合件件一（右端）	O0001：
	加工程序	程序说明
N10		35°菱形刀
N20		
N30		
N40		
N50		
N60		
N70		
N80		
N90		
N100		
N110		
N120		

表 8-8　两件套椭圆螺纹配合件件二左端加工程序

程序段号	两件套椭圆螺纹配合件件二（左端）	O0001：
	加工程序	程序说明
N10		
N20		
N30		
N40		
N50		
N60		
N70		
N80		
N90		
N100		
N110		
N120		
N130		
N140		

表 8-9　两件套椭圆螺纹配合件件二右端加工程序

程序段号	两件套椭圆螺纹配合件件二（右端）	O0001：
	加工程序	程序说明
N10		
N20		
N30		
N40		
N50		
N60		
N70		
N80		
N90		
N100		
N110		
N120		
N130		
N140		

学习活动 2　两件套椭圆螺纹配合件的数控车加工

学习目标

1. 能根据两件套椭圆螺纹配合件的零件图样，确定符合加工要求的工、量、夹具及辅件。

2. 能按图样要求，测量毛坯尺寸，判断毛坯是否有足够的加工余量。

3. 能正确装夹工件，并对其进行找正。

4. 能正确选择本次任务所需的切削液。

5. 能在两件套椭圆螺纹配合件加工过程中，严格按照数控车床操作规程操作机床。

6. 能合理制订两件套椭圆螺纹配合件加工工时的预估方法。

7. 掌握两件套椭圆螺纹配合件数控车削加工及质量保证方法。

8. 能较好掌握两件套椭圆螺纹配合件相关量具、量仪的使用及保养方法。

9. 能较好分析两件套椭圆螺纹配合件加工误差产生的原因。

建议学时

30 学时

学习过程

一、加工准备

1）领取工具、量具、刃具。

填写工具、量具、刃具清单（见表 8-10），并领取工具、量、刃具。

表 8-10　工、量、刃具清单

序号	名称	规格（精度）	数量	备注
1	外径千分尺	0～25mm	1	
2	游标卡尺	0～150mm	1	
3	磁力表座		1	
4	百分表		1	
5	内孔刀		1	
6	切断刀	ZQS2020R-4018K-K	1	
7	93°外圆刀	MWLNR2020K08	1	
8	60°外螺纹刀		1	
9	60°内螺纹刀		1	
10	铜皮、铜棒		自定	
11	毛刷、棉纱		1	
12	套筒扳手、套筒		各 1	
13	刀架扳手		1	
14	卡盘扳手		1	
15	钢直尺	150mm	1	

2）领取毛坯料。

填写领料单，领取毛坯料，并测量毛坯外形尺寸，判断毛坯是否有足够的加工余量。

二、零件加工

1）记录程序输入时产生的报警号，并说明产生报警的原因及解决办法（见表 8-11）。

表 8-11　程序输入时产生的报警记录

报警号	报警内容	报警原因	解决办法

2）自动加工。

（1）为了保证零件加工精度，在粗加工后检测零件各部分的尺寸，记录并确定补偿值（见表 8-12）。

表 8-12　零件检测记录表

序号	直径测量数据	补偿数据（X 轴磨耗）	长度测量数据	补偿数据（Z 轴磨耗）

（2）加工中注意观察刀具切削情况，记录加工中不合理的因素（例如，切削用量、加工路径是否合理，刀具是否有干涉），以便于纠正，提高工作效率（见表 8-13）。

表 8-13　两件套椭圆螺纹配合件加工中遇到的问题

问题	产生原因	预防措施或改进办法

3）案例分析：在加工完两件套椭圆螺纹配合件右端轮廓后，发现表面粗糙度不好，试说明原因并提出解决方法。

4）案例分析：在加工完两件套椭圆螺纹配合件右端轮廓后，发现端面中心处有小凸台，试分析产生的原因并提出解决方法。

三、保养机床、清理场地

加工完毕后，按照图样要求进行自检，正确放置零件，并进行产品交接确认；按照国家环保相关规定和车间要求整理现场，清扫切屑，保养机床，并正确处置废油液等废弃物；按车间规定填写交接班记录和设备日常保养记录卡（见表 8-14）。

表 8-14　设备日常保养记录卡

设备名称：　　　设备编号：　　　使用部门：　　　保养年月：　　　存档编码：

保养内容＼日期	1	2	3	4	5	6	7	8	9	10	11	12	13	14	15	16	17	18	19	20	21	22	23	24	25	26	27	28	29	30	31
环境卫生																															
机身整洁																															
加油润滑																															
工具整齐																															
电气损坏																															
机械损坏																															
保养人																															
机械异常备注																															

审核人：　　　　　　　　　　　　　　　　　　　　　　年　月　日

注：保养后，用“√”表示日保；“△”表示月保；“Y”表示一级保养；“X”表示有损坏或异常现象，应在“机械异常备注”栏给予记录。

学习活动 3　两件套椭圆螺纹配合件的检验与质量分析

学习目标

1. 能够根据两件套椭圆螺纹配合件实物，合理选择检验工具和量具，确定检测方法。

2. 能正确规范地使用工、量具对两件套椭圆螺纹配合件进行检验，并对工具、量具进行合理保养和维护。

3. 能够根据两件套椭圆螺纹配合件的测量结果，分析误差产生的原因，并提出修改意见。

4. 能按检验室管理要求，正确放置检验用工具、量具。

建议学时

10 学时

学习过程

一、明确测量要素，领取检测用工、量具

1）两件套椭圆螺纹配合件上有哪些要素需要测量？

2）根据两件套椭圆螺纹配合件需要测量的要素，写出检测两件套椭圆螺纹配合件所需的工具、量具，并填入表 8-15 中。

表 8-15 检测两件套椭圆螺纹配合件所需的工具、量具

序号	名称	规格（精度）	检测内容	备注
1	千分尺	0～25mm	直径尺寸	
2	游标卡尺	0～150mm	长度尺寸	
3	测量圆弧直读式游标卡尺		圆弧尺寸	
4	三坐标测量仪		直径、长度、圆弧尺寸	
5	圆弧样板（R 规）		圆弧尺寸	
6	锥度塞尺		锥度尺寸	
7	万能角度尺		锥度尺寸	

3）案例分析：在检测两件套椭圆螺纹配合件零件尺寸过程中，用到了几种检测方法？

二、检测零件，填写两件套椭圆螺纹配合件质量检验单

1）根据图样要求，自检两件套椭圆螺纹配合件零件，并完成零件质量检验单（见表 8-16）。

表 8-16 两件套椭圆螺纹配合件质量检验单

项目	序号	内容	检测结果	结论
外圆	1	ϕ41mm		
	2	ϕ45mm		
	3	ϕ50mm		
	4	ϕ60mm		

续表

项目	序号	内容	检测结果	结论
长度	5	6mm		
	6	20mm、25mm		
	7	42.8mm		
	8	44.2mm		
	9	84mm		
圆弧	10	R30mm		
椭圆	11	长、短半轴		
外螺纹	12	M30×2		
内螺纹	13	M30×2		
倒角	14	C2、C1		
表面质量	15	R_a1.6μm		
螺纹轴套配合件检测结论				
产生不合格品的情况分析				

2）案例分析：利用圆弧样板检测两件套椭圆螺纹配合件零件圆弧尺寸 R6mm，发现接触面积偏小，试分析接触面积不合格的原因，并提出纠正方法。

三、提出工艺方案修改意见

对不合格项目进行分析，小组讨论提出修改意见（见表 8-17）。

表 8-17　不合格项目分析

不合格项目	产生原因	修改意见
尺寸不对		
圆弧曲线误差		
表面粗糙度达不到要求		

学习活动 4　工作总结与评价

学习目标

1. 能够根据两件套椭圆螺纹配合件实物，合理选择检验工具和量具，确定检测方法。

2. 能正确规范地使用工、量具对两件套椭圆螺纹配合件进行检验，并对工、量具进行合理保养和维护。

3. 能够根据两件套椭圆螺纹配合件的测量结果，分析误差产生的原因，并提出修改意见。

4. 能按检验室管理要求，正确放置检验用工具、量具。

建议学时

10 学时

学习过程

一、自我评价

关于自我评价，见表 8-18。

表 8-18　两件套椭圆螺纹配合件加工综合评价表

项目	序号	技术要求	配分	评分标准	检测记录	得分
机床操作（20%）	1	正确开启机床、检测	4	不正确、不合理无分		
	2	机床返回参考点	4	不正确、不合理无分		
	3	程序的输入及修改	4	不正确、不合理无分		
	4	程序空运行轨迹检查	4	不正确、不合理无分		
	5	对刀的方式、方法	4	不正确、不合理无分		
程序与工艺（20%）	6	程序格式规范	4	不合格每处扣 1 分		
	7	程序正确、完整	8	不合格每处扣 2 分		
	8	工艺合理	8	不合格每处扣 2 分		

续表

项目	序号	技术要求	配分	评分标准	检测记录	得分
零件质量（50%）	9	ϕ41mm	3	超差不得分		
	10	ϕ45mm	3	超差不得分		
	11	ϕ50mm	3	超差不得分		
	12	ϕ60mm	3	超差不得分		
	13	6mm	3	超差不得分		
	14	20mm、25mm	3	超差不得分		
	15	42.8mm	3	超差不得分		
	16	44.2mm	3	超差不得分		
	17	84mm	3	超差不得分		
	18	R30mm	3	超差不得分		
	19	长、短半轴	6			
	20	$M30\times2$	4			
	21	$M30\times2$	4			
	22	$C2$、$C1$	3			
	23	$R_a1.6\mu m$	3			
安全文明生产（10%）	24	安全操作	5	不按安全操作规程操作全扣分		
	25	机床清理	5	不合格全扣分		
总配分			100			

二、展示评价（小组评价）

把个人制作好的两件套椭圆螺纹配合件进行分组展示，再由小组推荐代表作必要的介绍。在展示过程中，以组为单位进行评价；评价完后，根据其他组成员对本组展示成果的评价意见进行归纳总结，完成如下项目：

（1）展示的两件套椭圆螺纹配合件符合技术标准吗？

合格□　　不良□　　返修□　　报废□

（2）本小组介绍成果表达是否清晰？

很好□　　一般，常补充□　　不清晰□

（3）本小组演示的两件套椭圆螺纹配合件检测方法操作正确吗？

正确□　　部分正确□　　不正确□

（4）本小组演示操作时遵循了“7S”的工作要求吗？

符合工作要求□　　忽略了部分要求□　　完全没有遵循□

（5）本小组的检测量具、量仪保养完好吗？

很好□　　一般□　　不合要求□

（6）本小组的成员团队创新精神如何？

很好□　　　一般□　　　不足□

三、教师评价

教师对展示的作品分别作评价：

（1）找出各组的优点进行点评。

（2）对展示过程中各组的缺点进行点评，提出改进方法。

（3）对整个任务完成中出现的亮点和不足进行点评。

四、总结提升

1）根据两件套椭圆螺纹配合件加工质量及完成情况，分析两件套椭圆螺纹配合件编程与加工中的不合理处及其原因并提出改进意见，填入表8-19中。

表8-19　两件套椭圆螺纹配合件加工不合理处及改进意见

序号	工作内容	不合理处	不合理原因	改进意见
1	零件工艺处理与编程			
2	零件数控车加工			
3	零件质量			

2）试结合自身任务完成情况，通过交流讨论等方式较全面规范撰写本次任务的工作总结。

工作总结（心得体会）

评价与分析

表 8-20　学习任务八评价表

班级：　　　　　　　　学生姓名：　　　　　　　　学号：

项目	自我评价			小组评价			教师评价		
	10～9	8～6	5～1	10～9	8～6	5～1	10～9	8～6	5～1
	占总评 10%			占总评 30%			占总评 60%		
学习活动 1									
学习活动 2									
学习活动 3									
学习活动 4									
表达能力									
协作精神									
纪律观念									
工作态度									
分析能力									
操作规范性									
任务总体表现									
小计									
总评									

任课教师：　　　　　　　年　　月　　日